工伤预防科普丛

U0320451

工伤预防
个体防护知识

"工伤预防科普丛书"编委会　编

中国劳动社会保障出版社

图书在版编目（CIP）数据

工伤预防个体防护知识 / "工伤预防科普丛书" 编委会编 . —— 北京：中国劳动社会保障出版社，2021

（工伤预防科普丛书）

ISBN 978-7-5167-4889-3

Ⅰ . ①工… Ⅱ . ①工… Ⅲ . ①工伤事故 – 事故预防 – 安全防护 – 基本知识 Ⅳ . ① X928. 03

中国版本图书馆 CIP 数据核字（2021）第 088319 号

中国劳动社会保障出版社出版发行

（北京市惠新东街 1 号 邮政编码：100029）

*

北京市白帆印务有限公司印刷装订 新华书店经销

880 毫米 × 1230 毫米 32 开本 4.75 印张 97 千字

2021 年 7 月第 1 版 2022 年 2 月第 3 次印刷

定价：25.00 元

读者服务部电话：（010）64929211/84209101/64921644

营销中心电话：（010）64962347

出版社网址：http://www.class.com.cn

"工伤预防科普丛书"编委会

内容简介

在生产劳动过程中，职工难免会遭遇工伤事故伤害和接触粉尘、有害气体、噪声等职业病危害因素。当改革工艺、革新设备，以及采取劳动安全卫生技术措施尚不能消除生产劳动过程中的事故伤害和职业病危害因素时，加强个体防护就成为保护人身安全的最后一道防线。但在实践中，一些职工缺乏安全意识，心存侥幸或嫌麻烦，在生产劳动中不按规定佩戴和使用劳动防护用品，有的职工不会或者没有正确使用劳动防护用品，这样将不可避免地受到人身伤害。因此，加强个体防护知识的宣传和普及，确保职工正确佩戴和使用劳动防护用品，是工伤预防工作的重要环节。

本书以问答的形式，列举了职工在劳动生产过程中应该了解的劳动防护用品选用、使用和维护保养基本知识以及相关的法律依据和规定，所选题目典型性、通用性强，内容浅显易懂，版式设计新颖活泼，原创漫画配图直观生动。本书可作为工伤预防主管部门及用人单位开展工伤预防宣传和培训的参考用书，同时作为广大职工增强工伤预防意识、提高安全生产素质的普及性学习读物。

前　言

　　工伤预防是工伤保险制度体系的重要组成部分。做好工伤预防工作，开展工伤预防宣传和培训，有利于增强用人单位和职工的守法维权意识，从源头上减少工伤事故和职业病的发生，保障职工生命安全和身体健康，减少经济损失，促进社会和谐稳定发展。

　　党和政府历来高度重视工伤预防工作。2009 年以来，全国共开展了三次工伤预防试点工作，为推动工伤预防工作奠定了坚实基础。2017 年，人力资源社会保障部等四部门印发《工伤预防费使用管理暂行办法》，对工伤预防费的使用和管理作出了具体的规定，使工伤预防工作进入了全面推进时期。2020 年，人力资源社会保障部等八部门联合印发《工伤预防五年行动计划（2021—2025 年）》（以下简称《五年行动计划》）。《五年行动计划》要求以习近平新时代中国特色社会主义思想为指导，全面贯彻党的十九大和十九届二中、三中、四中、五中全会精神，坚持以人民为中心的发展思想，完善"预防、康复、补偿"三位一体制度体系，把工伤预防作为工伤保险优先事项，通过推进工伤预防工作，提高工伤预防意识，改善工作场所的劳动条件，防范重特大事故的发生，切实降低工伤发生率，促进经济社会持续健康发展。《五年行动计划》同时明确了九项工作任务，其中包括全面加强工伤预防宣传和深入推进工伤预防培训等内容。

结合目前工伤保险发展现状，立足全面加强工伤预防宣传和深入推进工伤预防培训，我们组织编写了"工伤预防科普丛书"。本套丛书目前包括《〈工伤保险条例〉理解与适用》《〈工伤预防五年行动计划（2021—2025年）〉解读》《农民工工伤预防知识》《工伤预防基础知识》《工伤预防职业病防治知识》《工伤预防个体防护知识》《工伤预防应急救护知识》《建筑施工工伤预防知识》《矿山工伤预防知识》《化工危险化学品工伤预防知识》《机械加工工伤预防知识》《尘毒高危企业工伤预防知识》《交通与运输工伤预防知识》《冶金工伤预防知识》《火灾爆炸工伤事故预防知识》《有限空间作业工伤预防知识》《物流快递人员工伤预防知识》《网约工工伤预防知识》《公务员和事业单位工伤预防知识》《工伤事故典型案例》等分册。本套丛书图文并茂、生动活泼，力求以简洁、通俗易懂的文字普及工伤预防最新政策和科学技术知识，不断提升各行业职工群众的工伤预防意识和自我保护意识。

本套丛书在编写过程中，参阅并部分应用了相关资料与著作，在此对有关著作者和专家表示感谢。由于种种原因，图书可能会存在不当或错误之处，敬请广大读者不吝赐教，以便及时纠正。

"工伤预防科普丛书"编委会

2021年3月

目 录

第 *1* 章
工伤保险基础知识

1. 什么是工伤保险?

工伤保险是社会保险的一个重要组成部分,它通过社会统筹建立工伤保险基金,使职工在生产经营活动或在规定的某些情况下遭受意外伤害、职业病以及因这两种情况造成死亡或暂时或永久丧失劳动能力时,工伤职工或工亡职工近亲属能够从国家、社会得到必要的物质补偿,以保障工伤职工或工亡职工近亲属的基本生活,以及为受工伤职工提供必要的医疗救治和康复服务。工伤保险保障了工伤职工的合法权益,有利于妥善处理事故和恢复生产,维护正常的生产、生活秩序,维护社会安定。

工伤保险有 4 个基本特点:一是强制性。国家立法强制法律适用用人单位、职工必须参加工伤保险。二是非营利性。参加工伤保险是职工履行的社会责任，也是职工应该享受的基本权利。三是保障性。在职工发生工伤事故后，对工伤职工或工亡职工近亲属发放工伤保险待遇，保障其生活。四是互助互济性。通过强制征收保险费，建立工伤保险基金，由社会保险经办机构在人员之间、地区之间、行业之间对费用实行再分配，调剂使用基金。

 法律提示

　　《工伤保险条例》于 2003 年 4 月 27 日由国务院令第 375 号公布，2004 年 1 月 1 日生效实施。2010 年 12 月 8 日，国务院第 136 次常务会议通过《国务院关于修改〈工伤保险条例〉的决定》，由国务院令第 586 号公布，自 2011 年 1 月 1 日起施行。

　　现行《工伤保险条例》分八章六十七条，各章内容：第一章总则，第二章工伤保险基金，第三章工伤认定，第四章劳动能力鉴定，第五章工伤保险待遇，第六章监督管理，第七章法律责任，第八章附则。

2. 为什么要做好工伤预防？职工"工伤有保险，出事有人赔，只管干活挣钱"的想法对吗？

　　工伤预防是建立健全工伤预防、工伤补偿和工伤康复"三位一体"工伤保险制度的重要内容，是指事先防范职业伤亡事故以及职业病的发生，减少职业伤亡事故及职业病隐患，改善和创造有利于健康、安全的生产环境和工作条件，保护职工在生产、工作环境中的安全和健康。工伤预防的措施主要包括工程技术措施、教育措施和管理措施。

职工在劳动保护和工伤保险方面的权利与义务是基本一致的。在劳动关系中，获得劳动保护是职工的基本权利，工伤保险又是其劳动保护权利的延续。职工有权获得保障其安全和健康的劳动条件，同时也有义务严格遵守安全操作规程，遵章守纪，预防职业伤害的发生。

当前国际上，现代工伤保险制度已经把事故预防放在优先位置。我国的《工伤保险条例》也把工伤预防定为工伤保险三大任务之一，从而逐步改变了过去重补偿、轻预防的模式。因此，那种"工伤有保险，出事老板赔，只管干活挣钱"的说法显然是错误的。工伤补偿是发生职业伤害后的救助措施，不能挽回失去的生命和复原残疾的身体。职工只有加强安全生产，才能保障自身的安全；只有做好工伤预防，才能保障自身的健康。生命安全和身体健康才是职工的最大利益，用人单位和职工要永远共同坚持"安全第一、预防为主、综合治理"的方针。

3. 职工工伤保险和工伤预防的权利主要体现在哪些方面？

职工工伤保险和工伤预防的权利主要体现在以下几个方面：

（1）有权获得劳动安全卫生教育和培训，了解所从事的工作可能对身体健康造成的危害和可能发生的不安全事故。从事特种作业要取得特种作业资格，持证上岗。

（2）有权获得保障自身安全、健康的劳动条件和劳动防护用品。

（3）有权对用人单位管理人员违章指挥、强令冒险作业予以拒绝。

（4）有权对危害生命安全和身体健康的行为提出批评、检举和控告。

（5）从事职业危害作业的职工有权获得定期健康检查。

（6）发生工伤时，有权得到抢救治疗。

（7）发生工伤后，职工或其近亲属有权向当地社会保险行政部门申请工伤认定和享受工伤保险待遇。

（8）工伤职工有权依法享受有关工伤保险待遇。

（9）工伤职工发生伤残，有权提出劳动能力鉴定申请和再次鉴定申请。自劳动能力鉴定结论作出之日起一年后，工伤职工或者近亲属认为伤残情况发生变化的，可以申请劳动能力复查鉴定。

（10）因工致残尚有工作能力的职工，在就业方面应得到特殊保护。依照法律规定，用人单位对因工致残的职工不得解除劳动合同，并应根据不同情况安排适当工作。在建立和发展工伤康复事业的情况下，工伤职工应当得到职业康复培训和再就业帮助。

（11）职工与用人单位发生工伤待遇方面的争议，按照处理劳动争议的有关规定处理；职工对工伤认定结论不服或对经办机构核定的工伤保险待遇有异议的，可以依法申请行政复议，也可以依法向人民法院提起行政诉论。

4. 签订劳动合同时应注意哪些事项？

职工在上岗前应和用人单位依法签订劳动合同，建立明确的劳动关系，确定双方的权利和义务。关于劳动保护和安全生产，在签订劳动合同时应注意两方面的问题：第一，在合同中要载明保障职工劳动安全、防止职业危害的事项；第二，在合同中要载明依法为职工办理工伤保险的事项。

遇有以下合同不要签：

（1）"生死合同"：在危险性较高的行业，用人单位往往在合同中写上一些逃避责任的条款，典型的如"发生伤亡事故，单位概不负责"等。

（2）"暗箱合同"：这类合同隐瞒工作过程中的职业危害，或者采取欺骗手段剥夺职工的合法权利。

（3）"霸王合同"：有的用人单位与职工签订劳动合同时，只强调自身的利益，无视职工依法享有的权益，不允许职工提出意见，甚至规定"本合同条款由用人单位解释"等。

（4）"卖身合同"：这类合同要求职工无条件听从用人单位安排，用人单位可以任意安排加班加点，强迫劳动，使职工完全失去人身自由。

（5）"双面合同"：一些用人单位在与职工签订合同时准备了两份合同，一份合同用来应付有关部门的检查，另一份合同用来约束职工。

法律提示

　　《中华人民共和国安全生产法》（以下简称《安全生产法》）规定，生产经营单位与从业人员订立的劳动合同，应当载明有关保障从业人员劳动安全、防止职业危害的事项，以及依法为从业人员办理工伤保险的事项。生产经营单位不得以任何形式与从业人员订立协议，免除或者减轻其对从业人员因生产安全事故伤亡依法应承担的责任。

5. 职工工伤保险和工伤预防的义务主要有哪些？

　　权利与义务是对等的，有相应的权利，就有相应的义务。职工工伤保险和工伤预防的义务主要有以下几个方面：

　　（1）职工有义务遵守劳动纪律和用人单位的规章制度，做好本职工作和被临时指定的工作，服从本单位负责人的工作安排和指挥。

　　（2）职工在劳动过程中必须严格遵守安全操作规程，正确使用劳动防护用品，接受劳动安全卫生教育和培训，配合用人单位积极预防工伤事故和职业病。

　　（3）职工或其近亲属报告工伤和申请工伤保险待遇时，有义务如实反映发生事故和职业病的有关情况及工资收入、家庭有关情况；当有关部门调查取证时，应当给予配合。

　　（4）除紧急情况外，工伤职工应当到工伤保险签订服务协议的医疗机构进行治疗，对于治疗、康复、评残要接受有关机构的安排，并给予配合。

6. 为什么职工应当接受安全教育和培训？

不同用人单位、不同工作岗位和不同的生产设施设备具有不同的安全技术特性和要求。随着高新技术装备的大量使用，用人单位对职工安全素质的要求越来越高。职工安全意识和安全技能的高低，直接关系用人单位生产活动的安全可靠性。职工需要具有系统的安全知识、熟练的安全技能，以及对不安全因素和事故隐患、突发事故的预防、处理能力和经验。要适应用人单位生产活动的需要，职工必须接受专门的安全教育和业务培训，不断提高自身的安全生产技术知识和能力。

7. 做好工伤预防，要注意杜绝哪些不安全行为？

一般来说，凡是能够或可能导致事故发生的人为失误均属于不

安全行为。《企业职工伤亡事故分类》（GB 6441—1986）中规定的
13大类不安全行为如下：

（1）未经许可开动、关停、移动机器；开动、关停机器时未给
信号；开关未锁紧，造成意外转动、通电或泄漏等；忘记关闭设
备；忽视警告标志、警告信号；操作错误（指按钮、阀门、扳手、
把柄等的操作）；奔跑作业；供料或送料速度过快；机械超速运
转；违章驾驶机动车；酒后作业；客货混载；冲压机作业时，手
伸进冲压模；工件紧固不牢；用压缩空气吹铁屑。

（2）拆除安全装置，安全装置堵塞，调整错误造成安全装置失
效。

（3）临时使用不牢固的设施或无安全装置的设备等。

（4）用手代替工具操作；用手清除切屑；不用夹具固定，用手
拿工件进行机加工。

（5）成品、半成品、材料、工具、切屑和生产用品等存放不
当。

（6）冒险进入危险场所。

（7）攀、坐不安全位置。

（8）在起吊物下作业、停留。

（9）机器运转时从事加油、修理、检查、调整、焊接、清扫等
工作。

（10）分散注意力的行为。

（11）在必须使用劳动防护用品的作业或场合中，未按规定使
用。

（12）在有旋转零部件的设备旁作业穿肥大服装，操纵带有旋

转零部件的设备时戴手套。

（13）对易燃易爆等危险物品处理错误。

 血的教训

　　一天，某矿生产一班给矿皮带工张某、和某两人打扫4号给矿皮带附近的场地，清理积矿。当张某清扫完非人行道上的积矿后，准备到人行道上帮助和某清扫。当时，张某拿着17米长的铁锹，为图方便抄近路，他违章从4号给矿皮带与5号给矿皮带之间穿越（当时，4号给矿皮带正以2米／秒的速度运行，5号给矿皮带已停运）。张某手里拿的铁锹触及运行中的4号给矿皮带的增紧轮，铁锹和人一起被卷到了皮带增紧轮上，铁锹的木柄被折成两段弹了出去，张某的头部顶在增紧轮外的支架上。在高速运转的皮带挤压下，张某头骨破裂，当场死亡。

　　这起事故的直接原因是张某安全意识淡薄，自我保护意识极差，严重违反了给矿皮带工安全操作规程中关于"严禁穿越皮带"的规定。事后据调查，张某曾多次违章穿越皮带，属习惯性违章。正是他的违章行为，导致了这次伤亡事故的发生。

　　这起事故给人们的教训是，用人单位应设置有效的安全防护设施，提高设备的本质安全水平。同时，对职工要加强教育，增强其安全意识，杜绝不安全行为。

8. 做好工伤预防，要注意避免出现哪些不安全心理？

根据大量的工伤事故案例分析，导致职工发生职业伤害最常见的不安全心理状态主要有以下几种：

（1）自我表现心理——"虽然我进厂时间短，但我年轻、聪明，干这活儿不在话下……"

（2）经验心理——"多少年一直是这样干的，干了多少遍了，能有什么问题……"

（3）侥幸心理——"完全照操作规程做太麻烦了，变通一下也不一定会出事吧……"

（4）从众心理——"他们都没戴安全帽，我也不戴了……"

（5）逆反心理——"凭什么听班长的呀，今儿我就这么干，我就不信会出事……"

（6）反常心理——"早上孩子肚子疼，自己去了医院，也不知道是什么病，真担心……"

 血的教训

> 某日，某机械厂切割机操作工王某，在巡视纵向切割机时发现刀具与板坯摩擦，有冒烟和燃烧迹象，如不及时处理有可能引起火灾。王某当即停掉风机和切割机去排除故障，但没有关闭皮带机电源，皮带机仍然处于运转中。当王某伸手去掏燃着的纤维板屑时，袖口连同右臂突然被皮带机齿轮

绞住，直到工友听到王某的呼救声才关闭了皮带机电源，事故造成王某右臂伤残。这起事故的发生与王某存在侥幸麻痹心理有直接的关系。王某以前多次不关闭皮带机电源就去排除故障，侥幸未造成事故，因而麻痹大意，逐渐形成习惯性违章并最终导致惨剧发生。

第2章
劳动防护用品
基础知识

9. 什么是劳动防护用品?

劳动防护用品是指由用人单位为职工配备的，使其在劳动过程中免遭或者减轻事故伤害及职业病危害的个体防护装备。

劳动防护用品分为以下十大类:

（1）防御物理、化学和生物危险有害因素对头部伤害的头部防护用品。

（2）防止缺氧和防御空气污染物进入呼吸道的呼吸防护用品。

（3）防御物理和化学危险有害因素对眼面部伤害的眼面部防护用品。

（4）防噪声危害的听觉防护用品。

（5）防御物理、化学和生物危险有害因素对手部伤害的手部防护用品。

（6）防御物理和化学危险有害因素对足部伤害的足部防护用品。

（7）防御物理、化学和生物危险有害因素对躯干伤害的躯干防护用品。

（8）防御物理、化学和生物危险有害因素损伤皮肤或引起皮肤疾病的护肤用品。

（9）防止高处作业职工坠落或者高处落物伤害的防坠落用品。

（10）其他防御危险有害因素的劳动防护用品。

 法律提示

《用人单位劳动防护用品管理规范》规定，用人单位应当健全管理制度，加强劳动防护用品配备、发放、使用等管理工作。

用人单位应当安排专项经费用于配备劳动防护用品，不得以货币或者其他物品替代。该项经费计入生产成本，据实列支。

用人单位应当为劳动者提供符合国家标准或者行业标准的劳动防护用品。使用进口的劳动防护用品，其防护性能不得低于我国相关标准。

10. 为什么职工必须按规定佩戴和使用劳动防护用品？

职工在劳动生产过程中应履行按规定佩戴和使用劳动防护用品的义务。

按照法律法规的规定，为保障人身安全，用人单位必须为职工提供必要的、安全的劳动防护用品，以避免或者减轻作业中的人身伤害。但在实践中，一些职工缺乏安全意识，心存侥幸或嫌麻烦，往往不按规定佩戴和使用劳动防护用品，由此引发的人身伤害事故时有发生。另外，有的职工由于不会或者没有正确使用劳动防护用品，同样也难以避免地受到人身伤害。因此，正确佩戴和使用劳动防护用品是职工必须履行的法定义务，这是保障职工人身安全和用人单位安全生产的需要。

血的教训

> 　　某日下午，某水泥厂包装工在进行倒料作业。包装工王某因脚穿拖鞋，行动不便，重心不稳，左脚踩进螺旋输送机上部10厘米宽的缝隙内，正在运行的机器将其脚和腿绞了进去。王某大声呼救，其他人员见状立即停车并反转盘车，才将王某的脚和腿退出。尽管王某被迅速送到医院救治，但仍造成左腿高位截肢。造成这起事故的直接原因是王某未按规定穿工作鞋，而是穿着拖鞋在凹凸不平的机器上行走，失足踩进机器缝隙。这起事故说明，上班时间职工必须按规定佩戴劳动防护用品，绝不允许穿拖鞋上岗操作。一旦发现这种违章行为，班组长以及其他职工应该及时纠正。

11. 劳动防护用品的作用是什么？

　　劳动防护用品供职工个人随身使用，是保护职工不受职业危害的最后一道防线。当劳动安全卫生技术措施尚不能消除生产劳动过程中的危险有害因素，达不到国家标准、行业标准及有关规定，也暂时无法进行技术改造时，使用劳动防护用品就成为既能完成生产劳动任务，又能保障职工安全与健康的一种手段。劳动防护用品的主要作用如下：

　　（1）隔离和屏蔽作用。隔离和屏蔽作用是指使用一定的隔离或屏蔽体使人体免受有害因素的侵害。例如，劳动防护用品能很好地隔绝外界的某些刺激，避免皮肤发生皮炎等病态反应。

（2）过滤和吸附（收）作用。过滤和吸附（收）作用是指借助劳动防护用品中某些聚合物本身的活性基或多孔物质对毒物的吸附作用，洗涤空气。例如，利用活性炭等多孔物质可吸附有害物质。

 相关链接

　　劳动防护用品的质量优劣直接关系职工的安全健康，必须经劳动防护用品质量监督检查机构检验合格，并核发生产许可证和产品合格证，其基本要求如下：

　　（1）必须严格保证质量，具有足够的防护性能，安全可靠。

　　（2）劳动防护用品所选用的材料必须符合人体生理要求，不能成为又一种有害因素的来源。

　　（3）劳动防护用品要使用方便，不影响正常工作。

12. 劳动防护用品有哪些特点？

　　劳动防护用品是保护职工安全与健康所采取的必不可少的辅助措施，是防止职业毒害和伤害的最后一项有效措施。同时，它又与职工的福利待遇以及保障产品质量、产品卫生和生活卫生需要的非防护性的工作用品有着原则性的区别。具体来说，劳动防护用品具有以下几个特点：

　　（1）特殊性。劳动防护用品不同于一般的商品，是保障职工安全与健康的特殊商品，用人单位必须按照国家有关标准和规范进行选择和发放。尤其是特种劳动防护用品，因其具有特殊的防护功能，国家在生产、使用、购买等环节中都有严格的要求。《关于进一步加强安全帽等特种劳动防护用品监督管理工作的通知》（市监质监〔2019〕35号）明确规定，特种劳动防护用品使用单位应采购持有营业执照和出厂检验合格报告的厂家生产的产品等。

（2）适用性。劳动防护用品的适用性既包括劳动防护用品选择使用的适用性，也包括使用的适用性。选择使用的适用性是指必须根据不同的工种和作业环境以及使用者的自身特点等选用合适的劳动防护用品。例如，耳塞和防噪声帽有大小型号之分，如果选择的型号太小，就不会很好地起到防噪声的作用。使用的适用性是指劳动防护用品需在进入工作岗位时使用，这不仅要求产品的防护性能可靠、确保使用者的安全，而且还要求产品适用性能好、方便、灵活，使用者乐于使用。因此，结构较复杂的劳动防护用品，需经过一定时间试用，对其适用性及推广应用价值进行科学评价后才能投产销售。

（3）时效性。劳动防护用品都有一定的使用寿命。例如，橡胶类、塑料等制品长时间受紫外线及冷热温度影响会逐渐老化而易折断；有些护目镜和面罩受光线照射和人为擦拭，或者受空气中酸、碱蒸气的腐蚀，镜片的透光率会逐渐下降而失去使用价值；绝缘鞋（靴）、防静电鞋和导电鞋等的电气性能会随着鞋底的磨损而发生改变；一些劳动防护用品的零件长期使用会磨损，影响力学性能。有些劳动防护用品的保存条件如温度及湿度等，也会影响其使用寿命。

13. 劳动防护用品是怎样分类的?

（1）按照用途以及防护部位，劳动防护用品可以分为以防止伤亡事故为目的的防护用品、以预防职业病为目的的防护用品和以防护人体指定部位为目的的防护用品。

1）以防止伤亡事故为目的的防护用品，包括：防坠落用品，如安全带、安全网等；防冲击用品，如安全帽、防冲击护目镜等；防触电用品，如绝缘服、绝缘鞋、等电位工作服等；防机械外伤用品，如防刺、割、绞、碾、磨损用的防护服、鞋、手套等；防酸碱用品，如耐酸碱手套、防护服和靴等；耐油用品，如耐油防护服、鞋、手套等；防水用品，如胶质工作服、雨衣、雨鞋或雨靴、防水保险手套等；防寒用品，如防寒服、鞋、帽、手套等。

2）以预防职业病为目的的防护用品，包括：防尘用品，如防尘口罩、防尘服等；防毒用品，如防毒面具、防毒服等；防放射性用品，如防放射性服、铅玻璃眼镜等；防热辐射用品，如隔热防护服、防辐射隔热面罩、电焊手套、有机防护眼镜等；防噪声用品，如耳塞、耳罩、耳帽等。

3）以防护人体指定部位为目的的防护用品，包括：头部防护用品，如防护帽、安全帽、防寒帽、防昆虫帽等；呼吸器官防护用品，如防尘口罩（面罩）、防毒口罩（面罩）等；眼面部防护用品，如焊接护目镜、炉窑护目镜、防冲击护目镜等；手部防护用品，如一般防护手套、各种特殊防护（防水、防寒、防高温、防振）手套、绝缘手套等；足部防护用品，如防尘、防水、防油、防滑、防高温、防酸碱、防振鞋（靴）及电绝缘鞋（靴）等；躯干防护用品，通常称为防护服，如一般防护服、防水服、防寒服、防油服、防电磁辐射服、隔热服、防酸碱服等。

（2）劳动防护用品还可以分为特种劳动防护用品与一般劳动防护用品。特种劳动防护用品是指在劳动过程中预防或减轻严重伤害和职业危害的劳动防护用品，一般劳动防护用品是指除特种劳动防护用品以外的防护用品。

14. 使用劳动防护用品有哪些要注意的问题？

在工作场所必须按照要求佩戴和使用劳动防护用品。劳动防护用品是根据生产工作的实际需要发给个人的，每位职工在生产工作中都要好好地使用，以达到预防事故、保障个人安全的目的。

使用劳动防护用品要注意的问题主要如下：

（1）应针对防护目的，正确选择符合要求的劳动防护用品，绝不能错选或将就使用，以免发生事故。

（2）应对使用劳动防护用品的职工进行教育和培训，使其充分了解使用的目的和意义，并正确使用。对于结构和使用方法较为复杂的防护用品，如呼吸防护器，应进行反复训练，使人员能熟练使用。用于紧急救灾的呼吸器，要定期严格检验，并妥善存放在可能发生事故的地点附近，以方便取用。

（3）妥善维护保养劳动防护用品，不但能延长其使用期限，更重要的是可以保证其防护效果。耳塞、口罩、面罩等用后应用肥皂、清水洗净，并用药液消毒、晾干。过滤式呼吸防护器的滤料要定期更换，以防失效。防止皮肤污染的工作服用后应集中清洗。

（4）劳动防护用品应有专人管理并负责维护保养，以保证其能充分发挥作用。

15. 用人单位关于劳动防护用品的管理责任有哪些？

（1）用人单位应根据工作场所中的职业病危害因素及其危害程度，按照法律、法规、标准的规定，为职工免费提供符合国家规定的劳动防护用品。不得以货币或其他物品替代应当配备的劳动防护用品。

（2）用人单位应到定点经营单位或生产企业购买特种劳动防护用品。特种劳动防护用品必须具有"三证"和"一标志"，即生产许可证、产品合格证、安全鉴定证和安全标志。

（3）用人单位应教育、培训职工按照劳动防护用品的使用规则和防护要求正确使用，使职工做到"三会"：会检查劳动防护用品的可靠性；会正确使用劳动防护用品；会正确维护保养劳动防护用品。用人单位应定期进行监督检查。

（4）用人单位应按照产品说明书的要求，及时更换、报废过期和失效的劳动防护用品。

（5）用人单位应建立健全劳动防护用品的购买、验收、保管、发放、使用、更换、报废等管理制度和使用档案，并进行必要的监督检查。

相关链接

劳动防护用品的使用必须在其性能范围内，不得超过极限使用；不得使用未经国家指定、未经监测部门认可（国家标准）和检测达不到标准的产品；不得使用无安全标志的特种劳动防护用品；不能用其他物品或福利代替劳动防护用品，更不能以次充好。

法律提示

《安全生产法》规定，生产经营单位必须为从业人员提供符合国家标准或者行业标准的劳动防护用品，并监督、教育从业人员按照使用规则佩戴、使用。

16. 劳动防护用品的使用期限是如何确定的？

劳动防护用品的使用期限与作业场所环境、劳动防护用品使用频率、劳动防护用品自身性质等多方面因素有关。例如，某省根据作业环境对厂矿企业安全帽的使用期限规定如下：冶金轧钢厂中的板坯作业，安全帽使用期限为 36 个月；冷水作业，安全帽使用期限为 48 个月；煤炭作业、土建作业，安全帽使用期限为 24 个月；地质勘探作业的安装工、钻探工、采样工，安全帽使用期限为 12 个月。一般来说，确定使用期限应考虑以下 3 个原则：

（1）腐蚀程度。根据不同作业对劳动防护用品的腐蚀，可将作业分为重腐蚀作业、中腐蚀作业和轻腐蚀作业。腐蚀程度反映劳动防护用品在作业环境和工种的使用状况。

（2）损耗情况。根据防护功能降低的程度，可将劳动防护用品分为易受损耗、中等受损耗和强制性报废。受损耗情况反映劳动防护用品的防护性能情况。

（3）耐用性能。根据使用周期，可将劳动防护用品分为耐用、中等耐用和不耐用。耐用性能反映劳动防护用品的材质状况和综合质量。例如，用耐高温阻燃纤维织物制成的阻燃防护服，要比用阻燃剂处理的阻燃织物制成的阻燃防护服耐用。

相关链接

当符合下述条件之一时，劳动防护用品应予以报废，不得继续使用：

（1）不符合国家标准、行业标准或地方标准。

（2）未达到省级以上安全生产监督管理部门根据有关标准和规程规定的功能指标。

（3）在使用或保管储存期内遭到损坏或超过有效使用期，经检验未达到原规定的有效防护功能最低指标。

17. 关于工作场所选用劳动防护用品的技术标准有哪些？

（1）粉尘有害因素。工作场所环境空气中粉尘超过限值，应采用防颗粒物的呼吸器，其中自吸过滤式防颗粒物呼吸器产品应符合《呼吸防护 自吸过滤式防毒面具》（GB 2890—2009）标准要求，送风过滤式产品应符合《电动送风过滤式防尘呼吸器通用技术条件》（LD 6—1991）等标准。

（2）化学有害因素。若作业场所化学有害因素超过限值，除采取防毒工程技术措施外，还应提供劳动防护用品。这些防毒呼吸用品应符合《呼吸防护 自吸过滤式防毒面具》（GB 2890—2009）等要求，供气式防毒用品应符合《自给开路式压缩空气呼吸器》（GB/T 16556—2007）的要求。

（3）物理有害因素。工作场所物理有害因素包括电离辐射、高温、激光、局部振动、煤矿井下采掘作业地点气象条件。体力劳动强度分级标准，以及体力作业时心率和能量消耗的生理限值及紫外辐射、红外辐射、噪声限值等在《工业企业设计卫生标准》（GBZ 1—2010）和《工作场所有害因素职业接触限值 第 1 部分：化学有害因素》（GBZ2.1—2019）、《工作场所有害因素职业接触限值 第 2 部分：物理因素》（GBZ 2.2—2007）中都有规定。针对不同的有害因素，可选用相应的劳动防护用品。例如，防紫外、红外辐射伤害的护目镜和面具、焊接护目镜产品应符合《职业眼面部防护 焊接防护 第 2 部分：自动变光焊接滤光镜》（GB/T 3609.2—2009）的要求，高温辐射场所选用阻燃防护服应符合《防护服装 阻燃防护 第 1 部分：阻燃服》［GB 8965.1—2009，该标准将于 2021 年 8 月 1 日被《防护服装 阻燃服》（GB 8965.1—2020）代替］的要求。

有静电和电危害的作业场所应选用防静电工作服和防静电鞋，产品应符合《防护服装 防静电服》（GB 12014—2019）和《个体防护装备职业鞋》（GB 21146—2007）的要求；防止电危害应选用带电作用屏蔽服或高压静电防护服以及电绝缘鞋（靴）、电绝缘手套等防护用品，其产品应符合《交流高压静电防护服装及试验方法》（GB/T 18136—2008）、《足部防护 电绝缘鞋》（GB 12011—2009）和《带电作业用绝缘手套》（GB/T 17622—2008）等标准要求。

有机械、打击、切割伤害的作业场所，应选用安全帽、安全鞋和防护手套、护目镜等防护用品，并符合国家标准要求。

（4）生物有害因素。例如，接触皮毛、动物可引起炭疽杆菌感染、布氏杆菌感染，森林采伐可引起森林脑炎，医护人员接触患者可引起细菌、病毒性感染。在这些场所选用呼吸防护品时，产品应符合《医用防护口罩技术要求》（GB 19083—2010）；选用的防护服产品应符合《医用一次性防护服技术要求》（GB 19082—2009）。

 法律提示

《用人单位劳动防护用品管理规范》规定，用人单位应当根据劳动者工作场所中存在的危险、有害因素种类及危害程度、劳动环境条件、劳动防护用品有效使用时间制定适合本单位的劳动防护用品配备标准。

（1）用人单位应当根据劳动防护用品配备标准制订采购计划，购买符合标准的合格产品。

（2）用人单位应当查验并保存劳动防护用品检验报告等质量证明文件的原件或复印件。

（3）用人单位应当按照本单位制定的配备标准发放劳动防护用品，并做好登记。

（4）用人单位应当对劳动者进行劳动防护用品的使用、维护等专业知识的培训。

（5）用人单位应当督促劳动者在使用劳动防护用品前，对劳动防护用品进行检查，确保外观完好、部件齐全、功能正常。

18. 如何根据作业的种类选择配备劳动防护用品？

《个体防护装备选用规范》（GB/T 11651—2008）对 38 种作业规定了如何选用劳动防护用品（详细内容请参阅该国家标准）。例如，高处作业（如建筑安装、架线、高崖作业、货物堆垒）应选用安全帽、安全带和防滑工作鞋，存在物体坠落、撞击的作业（如建筑安装、桥梁建设、采矿、钻探、造船、起重、森林采伐）应选用安全帽和安全鞋。

 知识学习

如果有害物会伤害头部、耳、眼面、呼吸道、手臂、身体、皮肤、足部等部位，应根据不同部位选用相对应的劳动防护用品。

　　个人使用的劳动防护用品只有与个体尺寸相匹配才能发挥最好的防护功能，因此，在选用劳动防护用品时，应有不同型号供使用者选用。

19. 用人单位关于配发劳动防护用品有哪些不规范的行为？

　　（1）不配发劳动防护用品。

　　（2）不按有关规定或者标准配发劳动防护用品。

　　（3）配发无安全标志的特种劳动防护用品。

　　（4）配发产品质量不合格的劳动防护用品。

　　（5）配发超过使用期限的劳动防护用品。

　　（6）劳动防护用品管理混乱，由此对职工造成事故伤害及职业危害。

　　（7）生产或者经营假冒伪劣劳动防护用品和无安全标志的特种劳动防护用品。

　　（8）其他违反劳动防护用品管理有关法律、法规、规章、标准的行为。

 相关链接

　　用人单位的职工有权依法向本单位提出配备所需劳动防

护用品的要求，有权对本单位劳动防护用品管理的违法行为提出批评、检举和控告。

20. 国家对劳动防护用品违法行为的处罚有哪些规定?

（1）《中华人民共和国职业病防治法》规定，用人单位违反本法规定，未提供职业病防护设施和个人使用的职业病防护用品，或者提供的职业病防护设施和个人使用的职业病防护用品不符合国家职业卫生标准和卫生要求的；对职业病防护设备、应急救援设施和个人使用的职业病防护用品未按规定进行维护、检修、检测，或者不能保持正常运行、使用状态的，由卫生行政部门给予警告，责令限期改正，逾期不改正的，处 5 万元以上 20 万元以下的罚款；情节严重的，责令停止产生职业病危害的作业，或者提请有关人民政府按照国务院规定的权限责令关闭。

（2）《安全生产法》规定，生产经营单位未为从业人员提供符合国家标准或行业标准的劳动防护用品的，责令限期改正，可以处 5 万元以下的罚款；逾期未改正的，处 5 万元以上 20 万元以下的罚款，对其直接负责的主管人员和其他直接责任人员处 1 万元以上 2 万元以下的罚款；情节严重的，责令停产停业整顿；构成犯罪的，依照刑法有关规定追究刑事责任。

（3）《使用有毒物品作业场所劳动保护条例》规定，未向从事使用有毒物品作业的劳动者提供符合国家职业卫生标准的防护用品，或者未保证劳动者正确使用的，由卫生行政部门给予警告，责令限期改正，处 5 万元以上 20 万元以下的罚款；逾期不改正的，提请有关人民政府按照国务院规定的权限责令停建、予以关闭；造成严重职业中毒危害或者导致职业中毒事故发生的，对负有责任的主管人员和其他直接责任人员依照刑法关于重大劳动安全事故罪或者其他罪的规定，依法追究刑事责任。

21. 具备哪些条件的企业才能够生产劳动防护用品？

生产劳动防护用品的企业应当具备下列条件：

（1）有市场监督管理部门核发的营业执照。

（2）有满足生产需要的生产场所和技术人员。

（3）有保证产品安全防护性能的生产设备。

（4）有满足产品安全防护性能要求的检验与测试手段。

（5）有完善的质量保证体系。

（6）有产品标准和相关技术文件。

（7）产品符合国家标准或者行业标准的要求。

（8）法律法规规定的其他条件。

 相关链接

　　生产劳动防护用品的企业应当按其产品所依据的国家标准或者行业标准进行生产和自检，出具产品合格证，并对产品的安全防护性能负责。

　　新研制和开发的劳动防护用品，应当对其安全防护性能进行严格的科学试验，并经具有安全生产检测检验资质的机构检测检验合格后，方可生产、使用。

22. 对职工使用劳动防护用品应如何管理?

获得符合标准的劳动防护用品是职工的权利,同时,正确佩戴和使用劳动防护用品又是职工的法定义务。这不仅是保护职工自身安全的需要,而且是保护他人和用人单位安全的需要。根据《用人单位劳动防护用品管理规范》的要求,职工在作业过程中应当按照规章制度和劳动防护用品使用规则,正确佩戴和使用劳动防护用品。

23. 什么是特种劳动防护用品?

劳动防护用品是指由用人单位为职工配备的,使其在劳动过程中免遭或者减轻事故伤害及职业病危害的个人防护用品,又分为特种劳动防护用品和一般劳动防护用品。国家对特种劳动防护用品实行安全标志管理制度。特种劳动防护用品具体包含以下内容:

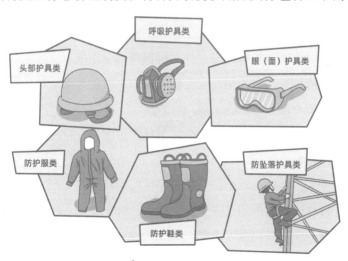

（1）头部护具类：安全帽等。

（2）呼吸护具类：防尘口罩、过滤式防毒面具、自给式空气呼吸器、长管面具等。

（3）眼（面）护具类：焊接眼（面）防护具、防冲击眼护具等。

（4）防护服类：阻燃防护服、防酸工作服、防静电工作服等。

（5）防护鞋类：保护脚趾安全鞋、防静电鞋、导电鞋、防刺穿鞋、胶面防砸安全靴、电绝缘鞋、耐酸碱皮鞋、耐酸碱胶靴、耐酸碱塑料模压靴等。

（6）防坠落护具类：安全带、安全网、密目式安全立网等。

24. 特种劳动防护用品安全标志标识是什么样的？

特种劳动防护用品安全标志按照《特种劳动防护用品安全标志管理规定》（劳防安标字〔2015〕33号）的规定执行：

（1）特种劳动防护用品安全标志由特种劳动防护用品安全标志证书和特种劳动防护用品安全标志标识两部分组成。

（2）特种劳动防护用品安全标志证书由特种劳动防护用品安全标志管理中心加盖印章后生效。

（3）特种劳动防护用品安全标志标识由图形和特种劳动防护用品安全标志编号构成。

（4）取得特种劳动防护用品安全标志的产品应在产品的明显位置加施特种劳动防护用品安全标志标识，标识加施应牢固耐用。

特种劳动防护用品安全标志标识的说明如下：

（1）标识采用古代盾牌的形状，表示"防护"之意。

（2）盾牌中间采用字母"LA"，表示"劳动安全"之意。

（3）"××-××-××××××"是标识的编号。编号采用三层数字和字母组合编号方法编制。第一层的两位数字代表获得标识使用授权的年份；第二层的两位数字代表获得标识使用授权的生产企业所属的省级行政地区的区划代码（进口代理产品，第二层的代码则以国际区位代码表示该进口产品产地）；第三层代码的前三位数字代表产品的名称代码，后三位数字代表获得标识使用授权的顺序。

（4）参照《安全色》（GB 2893—2008）的规定，标识边框、盾牌及"安全防护"为绿色，"LA"及背景为白色，标识编号为黑色。

25. 国家对特种劳动防护用品的采购有哪些具体要求？

国家对特种劳动防护用品实行安全标志管理，要求用人单位必须购买有安全标志的特种劳动防护用品。

一些企业生产的无安全标志的特种劳动防护用品被用人单位购买后，因其不具备应有的安全防护性能和质量，易造成严重后果。所以，必须把住特种劳动防护用品的采购管理关。

《用人单位劳动防护用品管理规范》规定，用人单位应当根据劳动者工作场所中存在的危险、有害因素种类及危害程度、劳动环境条件、劳动防护用品有效使用时间制定适合本单位的劳动防护用品配备标准。用人单位应当根据劳动防护用品配备标准制订采购计划，购买符合标准的合格产品。

 相关链接

针对一些用人单位弄虚作假、以发给货币或者其他物品替代劳动防护用品的违法行为，《用人单位劳动防护用品管理规范》规定，用人单位应当安排专项经费用于配备劳动防护用品，不得以货币或者其他物品替代。该项经费计入生产成本，据实列支。

26. 易燃易爆场所的劳动防护用品选用有哪些注意事项?

易燃易爆场所是指作业环境中存在易燃易爆物，容易因人为因素而发生燃烧、爆炸事故的作业场所。在易燃易爆场所除应建立健全严格的管理操作制度外，还必须为作业人员选用一些劳动防护用品，以从个体自身进行防护。

易燃易爆场所劳动防护用品选用的注意事项主要有以下几点：

（1）应选用防静电的劳动防护用品，不选用纯化纤的劳动防护用品。

（2）应选用阻燃、抗熔融的防护服装，并应配备必要的不产生纯氧的呼吸护具。

（3）在易燃易爆场所应安装防爆设备，并设置灭火器具。

（4）应选用相关的监测检测仪器设备，及时地监测检测并控制作业场所燃烧物的浓度，防止燃烧、爆炸事故的发生。

27. 高温作业场所劳动防护用品的选用有哪些注意事项？

高温作业场所劳动防护用品选用的注意事项主要有以下几点：

（1）应选择佩戴降温或液冷头盔、通风降温铝箔隔热安全帽、带风机的安全帽、防晒伞帽等。

（2）应选择穿着降温背心或铝箔布隔热服、降温服等。

（3）在高温抢修时可选用冷却防热服。

 知识学习

冷却防热服用于在高温地区工作时，使作业人员免受高温危害和提高工作效率。普通冷却防热服由冰衣和冰袋组成。冰衣有3层：内层为尼龙编织物，中层为隔热聚酯毡，外层为镀铝玻璃纤维服。其袖口、领口和胸带是由加宽编织物制成的，可以使上身严密不透气。冰袋用纽扣扣在冰衣的内层胸前和背部，由很多个隔离的冰槽组成。根据作业环境温度的不同，一般可以使用1~2小时。

第3章
头部防护用品

28. 什么是工作帽?

工作帽主要对头发起两种防护作用:一是可以保护头发不受灰尘、油烟和其他环境因素的污染;二是可以避免头发被卷入转动着的传动带或滚轴里等。在有传动链、传动带或滚轴等的机器旁工作时,头发长的女工尤其要注意佩戴工作帽,防止发生因头发被卷入机器而丧命的惨痛事故。另外,工作帽还可以起到防止异物进入颈部的作用。例如,炼钢工人和铸造工人佩戴的工作帽帽体上有一个长的披肩,不但能够对头发起到防护作用,也可以防止钢花飞溅时落入颈部而免遭烫伤。

工作帽一般要求帽体美观大方,佩戴舒适,凉爽轻巧。在不需要防尘的情况下,也可以用带孔的编织品制作,这样通风效果更好。长舌工作帽可以遮光，也可以起安全警示作用。在帽体上设一个较长的帽舌，可以阻挡阳光对眼睛的直射；帽舌的另一个作用是在人精力不集中、头部有可能与机器等相碰的危险时，帽舌可先于人的头部碰到运动中的物体，使人警觉起来。

 相关链接

工作帽是用于防止头部脏污、擦伤，以及防止发辫受运转机器绞碾的软质帽，主要是对头部进行保护，防止发生一般性物理因素伤害或其他事故，起一定程度的安全作用。工作帽主要是对头部，特别是对头发起到保护作用，故也称为护发帽。

29. 如何正确选用和佩戴工作帽？

工作帽一般用经久耐用的纤维织物制作，样式不宜过于复杂，要容易洗涤熨烫。工作帽的大小最好可以随意调节，以适合各种头型的人戴用。

选用工作帽时，要根据自己的工作性质和实际需要进行选择。一定要持之以恒地按规定正确佩戴。帽体一定要戴正，要把头发全部罩在帽中，以免头发露在外面而降低防护作用。

 **血的教训**

　　某日凌晨，某印刷厂内，一长发女工在工作时头发不慎被机器的轮轴绞住，头部顺势被卷入机器内，并几乎完全卡在了轮轴和底部工作面之间，鲜血直流，生命垂危。消防队员动用各种先进器材，花了两个多小时才将女工救出。

　　据现场的救援人员介绍，该女工因没戴工作帽违规操作才导致了事故。

30. 安全帽的防护原理是什么？

安全帽由帽壳、帽衬、下颌带、后箍等部件组成，其主要组成部分为帽壳和帽衬。良好的帽壳、帽衬材料，以及适宜的帽形与合理的帽衬结构相配合就能起到阻挡外来冲击物，缓解、分散、吸收冲击力和保护佩戴者的作用。

安全帽的帽壳多采用椭圆或半圆拱形结构，表面连续、光滑，物体坠落到帽壳上后易滑脱。安全帽顶部一般设有加强筋，以提高抗冲击强度。冲击过程中允许帽壳产生少量变形，但不能触及头顶。帽壳外形不宜采用平顶形式，平顶不易使坠落物滑脱，冲击过程中顶部变形大，易产生触顶。

安全帽的帽衬是帽壳内部部件的总称，包括帽箍、顶带、护带、吸汗带、衬垫、下颌带及拴绳等。帽衬在冲击过程中主要起缓冲作用，其材料的好坏、结构的合理性与协调程度直接影响安全帽的吸收冲击性能。

安全帽能承受压力主要运用了以下 3 个方面的原理：

（1）缓冲减震作用。帽壳与帽衬之间有 25~50 厘米的间隙，当物体撞击安全帽时，帽壳不因受力变形而直接影响到头顶部。

（2）分散应力作用。帽壳为椭圆形或半球形，表面光滑，当物体坠落在帽壳上时，物体不能停留而立即滑落；帽壳受打击点承受的力向周围传递，通过帽衬缓冲减小的力可达 2/3 以上，其余的力经帽衬的整个面积传递给人的头盖骨，这样就把着力点变成了着力面，从而避免了冲击力在帽壳上某点应力集中，减小了单位面积受力。

（3）生物力学。国家标准中规定安全帽必须能吸收 4 900 牛顿的力。这是因为根据生物学试验，4 900 牛顿是人体颈椎在受力时最大的限值，超过此限值颈椎就会受到伤害，轻则引起瘫痪，重则危及生命。

 相关链接

根据防护作用可将头部防护用品分为 3 类：安全帽、防护头罩及工作帽。

（1）安全帽。安全帽又称安全头盔，是防御冲击、刺穿、挤压等头部伤害的帽子。

（2）防护头罩。防护头罩是使头部免受火焰、腐蚀性烟雾、粉尘以及恶劣气候条件伤害的个人防护装备。

（3）工作帽。工作帽能防头部脏污、擦伤、长发被绞碾等伤害的普通帽子。

31. 安全帽具有哪些种类？

安全帽可按照材料、外形和作业场所进行分类，具体如下：

（1）按材料分类，安全帽可分为工程塑料、橡胶料、纸胶料、植物料等安全帽。

（2）按外形分类，安全帽可分为无檐、小檐、卷边、中檐、大檐安全帽等。

（3）按作业场所分类，安全帽可分为一般作业安全帽和特殊作业安全帽。

安全帽产品按用途分为一般作业类（Y类）安全帽和特殊作业类（T类）安全帽两大类。其中T类中又分成5类：T1类适用于有火源的作业场所；T2类适用于井下、隧道、地下工程、采伐等作业场所；T3类适用于易燃易爆作业场所；T4（绝缘）类适用于带电作业场所；T5（低温）类适用于低温作业场所。每种安全帽都具有一定的技术性能指标和适用范围，所以要根据所从事的行业和作业环境选购相应的产品。

例如，建筑行业一般选用Y类安全帽；电力行业，因接触电网和电气设备，应选用T4（绝缘）类安全帽；在易燃易爆的环境中作业，应选择T3类安全帽。

安全帽颜色的选择随意性比较大，一般以浅色或醒目的颜色为宜，如白色、浅黄色等，也可以按有关规定的要求选用，如遵循安全心理学的原则选用，按部门区分来选用，按作业场所和环境来选用。

相关链接

企业应根据《用人单位劳动防护用品管理规范》（安监总厅安健〔2018〕3 号）的规定对到期的安全帽进行抽查测试，合格后方可继续使用，以后每年抽验一次，抽验不合格则该批安全帽报废。

各级安全生产监督管理部门对到期的安全帽要监督并督促企业安全技术部门检验，合格后方可使用。

32. 不同安全帽的使用场合有哪些？

（1）玻璃钢安全帽。这种安全帽以玻璃丝或化纤纤维与不饱和聚酯树脂为原料，采用手工糊制，再加温固化或模压成形制成。玻璃钢安全帽具有良好的耐高温、低温，电绝缘，耐腐蚀及阻燃性能。玻璃钢安全帽主要应用于冶金高温场所、油田钻井、森林采伐、供电线路、高层建筑施工以及寒冷地区施工。

（2）塑料安全帽。这种安全帽用的塑料有聚碳酸酯、ABS（指丙烯腈、丁二烯、苯乙烯的共聚物）、超高分子聚乙烯、改性聚丙烯等。这些材料均属热塑性工程塑料，具有良好的抗冲击、耐高温、电绝缘等性能。与玻璃钢安全帽相比，塑料安全帽成本较低，因此广泛应用于各种行业。

ABS 塑料安全帽主要适用于采矿、机械工业等冲击强度较高的室内常温作业，不能接触明火，不适宜长期在低温露天作业中使用。

超高分子聚乙烯塑料安全帽适用范围较广，冶金、石油、化工、矿山、建筑、机械、电力、交通运输、地质、林业等冲击强度较低的室内外作业均可应用。

（3）胶布矿工帽。胶布矿工帽用胶布糊胎，模压硫化成形，多为黑色椭圆形小檐加强筋式，也有外加白色涂料的。其最大特点就是抗静电性能好、耐用，主要用于煤矿、井下、涵洞、隧道作业等。

（4）防寒安全帽。防寒安全帽的作用是在寒冷季节对头部保暖和防御物体打击伤害，由帽面、帽里、衬壳及其他防寒构件（帽耳扇、帽小耳等）组成。帽面采用皮革、人造革或其他织物制成，帽里充填棉花、腈纶棉等防寒材料，衬壳是用工程塑料或其他材料制成的半球形硬壳，防寒构件则由长毛绒或羊剪绒制成。防寒安全帽适用于寒冷地区冬季野外和露天作业人员使用。

（5）纸胶安全帽。纸胶安全帽帽壳采用造纸木浆，添加强力助剂模压加工而成。其防辐射性能好，耐高、低温，抗老化性强，适用于建筑、矿山、油田、化工、运输交通等行业。用于户外作业时，纸胶安全帽还可防太阳辐射、风沙和雨淋。

（6）植物条编织的安全帽。植物条编织的安全帽在帽壳顶部黏加有钢板纸、塑料板或涂有一层玻璃钢，以增加其强度。这类产品透气性好、重量轻，但质量较差，基本不能作为安全帽使用。由于其刚性低于标准，变形很大，又不耐燃烧，一般仅适用于南方炎热地区而无明火作业场所。

 知识学习

每顶安全帽应有以下 4 项永久性标志：

（1）制造厂名称、商标、型号。

（2）制造年、月。

（3）生产合格证和检验证。

（4）生产许可证编号。

33. 如何正确选择安全帽？

（1）在可能有高处（或侧面）抛物或飞落物环境中工作的人

员、高处作业者，以及需要进入这类现场的人员，都必须佩戴安全帽。

（2）材料的选用。安全帽制作材料主要是考虑承受的机械强度和作业环境，如估计坠落物件质量较大时，应选用较高强度材料制成的安全帽；在冶炼作业场所宜选用耐高温玻璃钢安全帽；在炎热地区建筑施工应选用通风散热较好的竹编安全帽；严寒地区户外作业宜选用防寒安全帽等。

（3）式样的选用。大檐（舌）帽适用于露天作业，有兼防日晒和雨淋的作用；小檐帽适用于室内、隧道、涵洞、井巷、森林、脚手架上等活动范围小、容易出现帽檐碰撞的狭窄场所。

（4）颜色的选用。国际上较为通用的惯例是黄色加黑条纹表示注意警戒，红色表示限制、禁止，蓝色起显示作用等。一般情况下，普通工种使用的安全帽宜选用白、淡黄、淡绿等颜色；煤矿矿工宜选用明亮的颜色，甚至考虑在安全帽上加贴荧光色条或反光带，以便于在照明条件较差的工作场所容易被发现；在森林采伐场地，红色、橘红色的安全帽醒目，易于相互发现；在易燃易爆工作场所，宜选用大红色安全帽。有些企业采用不同颜色的安全帽区分职别和工种，以利于生产管理。

 相关链接

安全帽的防护作用：当作业人员头部受到坠落物冲击时，安全帽帽壳、帽衬在瞬间先将冲击力分解到头盖骨的整个面积上，然后安全帽各个部位（帽壳、帽衬）的结构、材料和缓冲结构（插口、拴绳、缝线、缓冲垫等）的弹性变形、塑性变形及允许的结构破坏将大部分冲击力吸收，使最后作用到人头部的冲击力降低到 4 900 牛顿以下，从而起到保护作业人员头部不受到伤害或降低伤害的作用。

34. 如何正确使用和维护安全帽？

（1）安全帽的使用有以下要求：

1）首先检查安全帽的外壳是否破损（如有破损，其分解和削弱外来冲击力的性能就已减弱或丧失，不可再用），有无合格帽衬（帽衬的作用是吸收和缓解冲击力，若无帽衬，则丧失了保护头部的功能），帽带是否完好。

2）调整好帽衬顶端与帽壳内顶的间距（4~5 厘米），调整好帽箍。

3）安全帽必须戴正。如果戴歪了，一旦受到打击，起不到减轻对头部冲击的作用。

4）必须系紧下颌带，戴好安全帽。如果不系紧下颌带，一旦发生构件坠落打击事故，安全帽就容易掉下来，导致严重后果。

5）现场作业中，切记不得将安全帽脱下搁置一旁，或当坐垫使用。

（2）安全帽的维护有以下要求：

1）不能私自在安全帽上打孔，不要随意碰撞安全帽，不要将安全帽当板凳坐，以免影响其强度。

2）安全帽不能放置在有酸、碱、高温、日晒、潮湿或化学试剂的场所，以免其老化、变质。

3）对热塑性安全帽，虽可用清水冲洗，但不得用热水浸泡，更不能放入浴池内洗涤；不能在暖气片、火炉上烘烤，以防止帽体变形。

 知识学习

> 安全帽有问题时，需要报废重新配备。为降低劳动防护用品成本，仅以更换帽衬来达到延长安全帽使用时间的做法是不允许的。更换安全帽的帽衬而不换安全帽的帽壳，不能保障安全。

35. 安全帽的使用注意事项有哪些？

（1）在使用之前一定要检查安全帽上是否有裂纹、碰伤痕迹、凹凸不平、磨损（包括对帽衬的检查），安全帽上如存在影响其性能的明显缺陷就应及时报废，以免影响防护作用。

（2）不能随意在安全帽上拆卸或添加附件，以免影响其原有的防护性能。

（3）不能随意调节帽衬的尺寸。安全帽的内部尺寸如垂直间距、佩戴高度、水平间距在相关标准中是有严格规定的，这些尺寸直接影响安全帽的防护性能，使用时不可随意调节。否则，一旦发生落物冲击，安全帽会因佩戴不牢脱出或因冲击触顶而起不到防护作用，直接伤害佩戴者。

（4）使用时一定要将安全帽戴正、戴牢，不能晃动，要系紧下颌带，调节好后箍以防安全帽脱落。

（5）受过一次强冲击或做过试验的安全帽不能继续使用，应予以报废。

 相关链接

应严格使用在有效期内的安全帽：塑料安全帽的有效期为两年半，植物枝条编织的安全帽有效期为两年，玻璃钢（包括维纶钢）和胶质安全帽的有效期为三年半。超过有效期的安全帽应报废。

36. 如何选择使用防护头罩?

防护头罩通常由头罩、面罩和披肩组成。为防御物体打击,头罩常与安全帽配合使用。防护头罩常用于水泥喷浆、油漆喷涂、清砂、清灰、水泥灌装、高温热辐射、养蜂等作业场所。

防护头罩的材料可根据作业环境进行选择。对要求防湿、防水、防烟尘的头罩可选用防水织物制作,不应有裂缝和开口,连接处要密封。面罩多用有机玻璃制作。在高温环境下,防辐射热和火焰的头罩,选用喷涂铝金属的织物或阻燃的帆布制作,面部用镀铝金属膜的有机玻璃制成观察窗。

 相关链接

防护头罩常与各类面罩、眼护具、呼吸护具和防护服联用。

37. 滤尘送风式防尘安全帽的技术要求有哪些？

滤尘送风式防尘安全帽的技术要求如下：

（1）在温度 0~40 ℃、相对湿度不大于 95% 的条件下能正常工作。

（2）表面光滑，无飞边，阻尘率应大于 99%。

（3）连续工作 6 小时后，净化送风量不得低于 120 升 / 分钟。

（4）帽箍必须能在 510~640 毫米范围内调节，防尘帽加于头部的质量不得大于 12 千克，面罩透光率不得低于 85%。

（5）总视野不得小于 75%，下方视野不得小于 40°，噪声不得大于 70 分贝。

 法律提示

《滤尘送风式防尘安全帽 通用技术条件》（MT 160—1987）关于防尘帽的规定如下：

（1）电池的连续使用时间不得少于 6 小时，若采用矿灯作电源，除防尘帽耗能外，应满足矿灯标准规定的技术性能。

（2）经冲击试验后，应能正常工作。

（3）按出厂要求包装好的防尘帽经运输试验后，应能正常工作。

（4）存放防尘帽的库房应保持干燥和良好的通风，产品应保持清洁、干燥和避免阳光直射。产品在运输和储存过程中禁止与酸、碱及其他有毒、有害物品放在一起。

第4章
呼吸防护用品

38. 常见的呼吸防护用品有哪些?

根据结构和原理,呼吸防护用品可分为过滤式和隔离式两大类;按其防护用途可分为防尘、防毒和供氧3类。

(1)过滤式呼吸防护用品。这类防护用品是以佩戴者自身呼吸为动力,将空气中有害物质予以过滤净化,可分为防尘口罩和防毒面具两种。

自吸过滤式防尘口罩是用于防御各种粉尘和烟雾等质点较大的固体有害物质的防尘呼吸器,这种口罩有复式和简易式两种。其中,复式防尘口罩由主体(口鼻罩)、滤尘盒、呼气阀和系带等部件组成;简易式防尘口罩没有滤尘盒,大部分不设呼气阀,依靠夹具、支架或直接将滤料做成口鼻罩。

自吸过滤式防毒面具主要用于防御各种有害气体、蒸气、气溶胶等有害物质，通常称为防毒口罩或防毒面具，可分为直接式与导管式两种。前者为滤毒罐（盒）直接与面罩相连，后者为滤毒罐（盒）通过导气管与面罩相连。防毒面具的面罩分为全面罩和半面罩：全面罩有头罩式和头戴式两种，应能遮住眼、鼻和口；半面罩一般只能遮住鼻和口。

　　（2）隔离式呼吸防护用品。这类防护用品能使佩戴者的呼吸器官与污染环境隔离，由呼吸器自身供气（空气或氧气）或从清洁环境中引入空气来维持人体的正常呼吸。按其供气方式，隔离式呼吸防护用品可分为自带式与外界输入式两种。

　　自带式有空气呼吸器和氧气呼吸器两种，其结构包括面罩、短导气管、供气调节阀和供气罐，其呼吸通路与外界隔绝。供气形式采用罐内盛压缩氧气（空气）或过氧化物与呼出的水蒸气及二

氧化碳发生化学反应产生氧气两种。

外界输入式有电动送风呼吸器、手动送风呼吸器和自吸式长管呼吸器 3 种，与自带式的主要区别在于供气源由作业场所外输入口罩（面具或头盔）内。外界输入式由口罩（面具或头盔）、长导气管、减压阀、净化装置及调节阀等组成。

 相关链接

常见的呼吸防护产品主要有自吸过滤式防尘口罩、过滤式防毒面具、氧气呼吸器、自救器、空气呼吸器、防微粒口罩等。

39. 呼吸防护用品如何进行检查与保养?

（1）应按照呼吸防护用品使用说明书中的有关内容和要求，定期检查和维护呼吸防护用品。由经过培训的人员实施检查和维护，对使用说明书中未包括的内容，应及时向生产者或经销商询问。

（2）在每次使用前和佩戴后，应检查呼吸防护用品的部件是否齐全完好，是否有老化破损现象，及时更换失效部件。

（3）对携气式呼吸器，使用后应立即更换用完的或部分用完的气瓶或气体发生器并更换其他过滤部件。更换气瓶时不允许将空气瓶与氧气瓶互换。

（4）应使用专用润滑剂润滑高压空气或氧气设备。

（5）使用者不应自行重新装填过滤式呼吸防护用品的滤毒罐或滤毒盒内的吸附过滤材料，也不得采取任何方法自行延长已经失效的过滤元件的使用寿命。

 相关链接

我国目前选择呼吸防护用品的原则：一般是根据作业场所的氧含量是否高于18%来确定选用过滤式还是隔离式，根据作业场所有害物的性质和最高浓度确定选用全面罩还是半面罩。

40. 如何正确使用自吸过滤式防毒面具？

（1）连接防毒面具：旋下罐盖，将滤毒罐接在面罩下面，取下滤毒罐底部进气孔的橡皮塞。

（2）使用前先检查全套面具的气密性：将面罩和滤毒罐连接好，戴好防毒面具，用手或橡皮塞堵住滤毒罐进气孔，深呼吸，如没有空气进入，则此套面具气密性较好，可以使用，否则应修理或更换。

（3）佩戴时如闻到毒气微弱气味，应立即离开有毒区域。

（4）在有毒区域的氧气占总体积的18%以下、有毒气体占总体积2%以上的地方，各型号滤毒罐都不能起到防护作用。

（5）滤毒盒或滤毒罐的防护性能针对性较强，不能乱用或混用。常用的几款滤毒罐的防护对象如下：

1号滤毒罐：标色为绿色，主要防护综合气体，如氢氰酸、氯化氰、砷化氰、光气、双光气、硝基三氯甲烷（氯化苦）、苯、溴甲烷、氯乙烯氯砷（路易氏气）、二氯甲烷、芥子气。

2号滤毒罐：标色为橘红色，主要防护一氧化碳、各种有机物蒸气、氢氰酸及其衍生物。

3号滤毒罐：标色为棕色，主要防护有机气体，如苯、丙酮、醇类、二硫化碳、四氯化碳、三氯甲烷、溴甲烷、氯甲烷、硝基烷、氯化苦。

4号滤毒罐：标色为灰色，主要防护氨、硫化氢。

5号滤毒罐：标色为白色，主要防护一氧化碳。

6号滤毒罐：标色为黑色，主要防护汞蒸气。

7号滤毒罐：标色为黄色，主要防护酸性气体和蒸气，如二氧化硫、氯气、硫化氢、氮的氧化物、光气、磷和含磷有机农药。

8号滤毒罐：标色为蓝色，主要防护硫化氢。

（6）每次使用后应将滤毒罐上部的螺帽盖拧上，并塞上橡皮塞后储存，以免内部受潮。

 相关链接

滤毒罐应储存于干燥、清洁、空气流通的库房环境，严防潮湿、过热，有效期为5年，超过5年应重新鉴定。

41. 正压式空气呼吸器由哪几部分组成？

正压式空气呼吸器主要适用于消防、化工、船舶、仓库、自来水厂、油气田等。在火灾、有毒有害气体及窒息等恶劣环境中，人员佩戴该呼吸器可以自救逃生、进行事故处理及工业性作业等。其组成如下：

（1）气瓶和瓶阀组。气瓶阀上装有过压保护膜片，当瓶内压力超过额定压力的1.5倍时，保护膜片自动卸压；气瓶阀上还设有开启后的止退装置，使气瓶开启后不会被无意关闭。

（2）减压器组件。减压器组件安装于背板上，通过一根高压管与气阀相连接，主要作用是将空气瓶内的高压空气降压为低而稳定的中压，供给供气阀使用。

（3）报警哨。报警哨的作用是防止佩戴者忘记观察压力表指示压力而出现气瓶压力过低、不能保证安全退出灾区的危险。由于佩戴者呼吸量不同，做功量不同，退出灾区的距离不同，佩戴者应根据不同的情况确定退出灾区所必需的气瓶压力，绝不能机械地理解为报警后才开始撤离灾区。佩戴者在佩戴过程中必须经常观察压力表，防止因报警哨失灵而出现压力过低的情况。

（4）供气阀。供气阀的主要作用是将中压空气减压为一定流量的低压空气，为佩戴者提供呼吸所需的空气。供气阀设有节省气源的装置，可防止在系统接通后、戴上面罩之前气源过量损失。

（5）面罩。面罩为全棉结构，面罩中的内罩能防止镜片出现冷凝汽，保证视野清晰；面罩上安装有传声器及呼吸阀，通过快速接头与供气阀相连接。

（6）压力表。压力表用来显示瓶内的压力。

 相关链接

正压式空气呼吸器使用的注意事项如下：

（1）不准在有标记的高压空气瓶内充装任何其他种类的气体，否则可能发生爆炸。

（2）高压空气瓶应避免碰撞、接触高温、沾染油脂和太阳直射。

（3）每个高压空气瓶附有高压空气瓶合格证，必须妥善保管，不得丢失。

（4）不得改变气瓶表面颜色。

（5）严禁混装、超装压缩空气。

42. 如何正确佩戴正压式空气呼吸器?

（1）背戴气瓶。将气瓶阀向下背上气瓶,通过拉肩带上的自由端,调节气瓶的上下位置和松紧度,直到感觉舒适为止。

（2）扣紧腰带。将腰带公扣插入母扣内,然后将左右两侧的伸缩带向后拉紧,确保扣牢。

（3）佩戴面罩。将面罩上的 5 根带子放到最松,把面罩置于佩戴者脸上,然后将头带从头部的上前方向后下方拉下,由上向下将面罩戴在头上。调整面罩位置,使下巴进入面罩下面凹形内,先收紧下端的两根颈带,然后收紧上端的两根头带及顶带,如果感觉不适,可调节头带松紧度。

（4）面罩密封。用手按住面罩接口处,通过吸气检查面罩密封是否良好。做深呼吸,此时,面罩两侧应向人体面部移动,人体感觉呼吸困难,说明面罩气密良好,否则再收紧头带或重新佩戴面罩。

（5）装供气阀。将供气阀上的接口对准面罩插口，用力往上推，当听到"咔嚓"声时，安装完毕。

（6）检查仪器性能。完全打开气瓶阀，此时，应能听到报警哨短促的报警声，否则，报警哨失灵或者气瓶内无气。同时观察压力表读数。通过几次深呼吸检查供气阀性能，呼气和吸气都应舒畅、无不适感觉。

（7）使用。正确佩戴仪器且经认真检查后即可投入使用。

 相关链接

　　正压式空气呼吸器在使用过程中要随时观察压力表和注意报警器发出的报警信号。使用结束后，首先用手捏住下面左右两侧的颈带扣环向前一推，松开颈带，再松开头带，将面罩从脸部由下向上脱下。然后，转动供气阀上旋钮，关闭供气阀，并捏住公扣榫头，退出母扣。最后，放松肩带，将仪器从背上卸下，关闭气瓶阀。

43. 如何正确佩戴防尘口罩？

口罩必须大小适合，佩戴方式也必须正确，口罩的防护作用才会有效。

（1）先将头带在每隔 2~4 厘米处拉松。

（2）将口罩放置掌中，将鼻梁金属条朝指尖方向，让头带自然垂下。

（3）戴上口罩，鼻梁金属条部分向上，紧贴面部。

（4）将口罩上端头带放于头后，然后下端头带拉过头部，置于颈后，调校至舒适位置。

（5）将双手指尖沿着鼻梁金属条，由中间至两边，慢慢向内按压，直至紧贴鼻梁。

（6）双手尽量遮盖口罩并进行正压及负压测试。

（7）呼吸阀的功能：在湿热、通风较差或劳动量较大的工作环境，使用具有呼吸阀的口罩可帮助人们在呼气时更感舒适。呼吸阀的作用原理是呼气时靠排出气体的正压将阀片吹开，以迅速将体内废气排出，降低使用口罩时的闷热感，而吸气时的负压会自动将阀门关闭，以避免吸进外界环境的污染物。

 知识学习

　　正压测试：双手遮着口罩，大力呼气，如空气从口罩边缘溢出，即佩戴不当，须再次调校头带及鼻梁金属条。负压测试：双手遮着口罩，大力吸气，口罩中央会陷下去，如有空气从口罩边缘进入，即佩戴不当，须再次调校头带及鼻梁金属条。

44. 使用口罩应注意哪些问题？

（1）定期更换口罩。出现以下情况时应及时更换口罩：口罩受污染，如染有血渍或飞沫等异物；佩戴者感到呼吸阻力变大；口罩损毁；在口罩与佩戴者面部密合良好的情况下，当佩戴者感到防尘滤棉的呼吸阻力很大时，说明滤棉上已附满了粉尘颗粒；在口罩与佩戴者面部密合良好的情况下，当佩戴者闻到了有毒物的气味时，应该及时更换新的防毒滤盒。

（2）口罩不宜长期连续佩戴。从人的生理结构来看，人的鼻腔黏膜血液循环非常旺盛，鼻腔里的通道又很曲折，和鼻毛构起一道生理上的过滤"屏障"。当空气被吸入鼻孔时，气流在曲折的通道中形成一股旋涡，使吸入鼻腔的气流得到加温。如果长期连续戴口罩，会使鼻腔黏膜变得脆弱，失去鼻腔原有的生理功能。

（3）口罩的外层往往积聚着很多外界空气中的灰尘、细菌等

污物，而里层阻挡着呼出的细菌、唾液。因此，口罩的两面不能交替使用，否则外层沾染的污物会在直接紧贴面部时被吸入人体，而成为传染源。

（4）口罩在不戴时，应叠好放入清洁的信封内，并将紧贴口鼻的一面向里折好，切忌随便塞进口袋里或是在脖子上挂着。

（5）若口罩被呼出的热气或唾液弄湿，其阻隔病菌的作用就会大大降低。所以，平时最好多备几只口罩，以便替换使用，并应每日换洗一次。洗涤时应先用开水烫 5 分钟，再用手轻轻搓洗，清水洗净后在清洁场所风干。但是，有活性炭过滤的和一次性的不必清洗。

 知识学习

空气就像水流一样，哪里阻力小就先向哪里流动。当口罩形状与人脸不密合时，空气中的危险物会从不密合处泄漏进去，进入人的呼吸道。因此，如果口罩佩戴不正确，即便选用滤料再好的口罩，也无法保障健康。

45. 常见的矿井井下自救器有哪些种类？

自救器按其作用原理可分为过滤式和隔离式两种。隔离式自救器又分为化学氧和压缩氧自救器两种。我国生产有 AZL—40 型、AZL—60 型、MZ—3 型和 MZ—4 型等过滤式自救器，AZH—40 型化学氧自救器，AYG—45 型和 AYG—60 型压缩氧自救器。

过滤式自救器是一种专门过滤一氧化碳，使之转化为无毒的二氧化碳的自救装置。过滤式自救器主要用于水灾或瓦斯、煤尘爆炸时防止一氧化碳中毒，适用条件受空气中含氧量及有毒气体种类的限制，只能用于氧气浓度不低于18%、一氧化碳浓度不高于1%且不含其他有害气体的空气条件。

化学氧自救器是利用生氧气药剂产生氧气供人呼吸，佩戴者的呼吸气路与外界空气完全隔绝，不受外界条件的限制，适用于井下发生火灾、瓦斯、煤尘爆炸、煤（岩）与瓦斯突出事故，只要现场人员身体未受到直接伤害都可以佩戴。在冒顶堵人事故中，只要人没有被埋住，都可以佩戴自救器静坐待救，以防止瓦斯渗入、氧含量降低而造成窒息死亡事故。

压缩氧自救器是利用压缩氧气供氧的隔离式呼吸保护器，是一种可反复多次使用的自救器，每次使用后只需要更换新的吸收二氧化碳的氢氧化钙吸收剂和重新充装氧气即可重复使用，用于存在有毒气体或缺氧的环境条件下。

 相关链接

　　自救器是一种轻便、体积小、便于携带、戴用迅速、作用时间短的个人呼吸保护装备，当井下发生火灾、爆炸、煤和瓦斯突出等事故时，供遇险人员佩戴，可有效防止中毒或窒息。

46. 使用矿井井下自救器有哪些注意事项？

（1）入井前要用腰带把自救器系在左侧腰部，或挂在离本人工作岗位不远的地方。这样一旦发生灾害事故，才能快速地佩戴好自救器。

（2）严禁随意拆开自救器。随意拆动自救器内部生氧药罐的任何部件，或自救器外壳意外开启后，都应立即停止携带此自救器，并进行报废处理。

（3）在井下或地面应避免碰撞、跌落自救器；不准坐在上面，也不准用尖锐器具砸自救器外壳；不能接触带电体或浸泡在水中。

（4）每班在佩戴之前，要检查自救器外部有无损伤、松动，如发现不正常现象，应及时更换，再把有问题的自救器送到发放室检查校验，不可把带有毛病的自救器携带入井。

（5）发生瓦斯、煤尘爆炸事故时，要立即戴上自救器，做到沉着、冷静，全部佩戴完毕，迅速退出灾区。在没有到达安全地点以前，切不可摘掉口具和鼻夹。

（6）撤离危险区时，要匀速快步行走，呼吸要均匀，禁止狂奔乱跑，以防止意外伤害。

（7）严禁佩戴过滤式自救器进入缺氧盲巷（氧含量低于16%）和含其他有害气体的场所。

（8）自救器的有效使用时间约为40分钟，佩戴自救器后不可在灾区久停，也不可顺烟雾风流一直走向回风井。行进应按避灾路线，从最近巷道尽快走出烟雾地点，进入安全、新鲜风流区域。

（9）过滤式自救器只能供本人从灾区撤退时使用。在非特殊情况下，严禁佩戴自救器去救人和从事灾区的其他工作，防止事故扩大。

（10）佩戴过程中口腔产生的唾液，可以咽下，也可任其自然流入口水盒和降温器，严禁拿下口具往外吐。

（11）使用压缩氧自救器，应按期更换二氧化碳吸收剂药品，以保证使用时的安全。禁止随意打开氧气瓶开关。如果氧气瓶开关有慢漏气现象，应立即送去检修，再把氧气充足。

 相关链接

　　戴上隔离式自救器行走过程中，自救器在生氧药品作用下，壳体会逐渐变热并能感觉吸气温度逐渐升高，这表明自救器正常工作，千万不要惊慌或因吸气干热而取下口具、鼻夹。在行进中严禁通过口具讲话或摘掉口具讲话,以防止有毒有害气体中毒。当遇到冒落危险区域时,可快步行走,当快步行走一段路后,会感到呼吸阻力大,气不够用,这时可放慢脚步缓解一下,即能正常呼吸。

第5章
眼面部防护用品

47. 生产过程中有哪些常见的眼部伤害因素?

（1）异物性眼伤害。铸造、机械制造、建筑是发生眼外伤的主要生产领域，特别是在进行干磨金属、切削非金属或铸铁、切铆钉或螺钉、金属切割、粉碎石头或混凝土等作业时，如果防护不当，沙粒、金属碎屑等异物容易进入眼里，有时可引起溃疡和感染。有的固体异物高速飞出击中眼球，可发生严重的眼球破裂或穿透性损伤。在农业生产中，烟、化肥、锯末、谷壳、昆虫也可进入眼中，引起异物性眼伤害。

（2）化学性眼、面部伤害。生产过程中，酸碱液体、腐蚀性烟雾进入眼中或冲击到面部皮肤，可引起角膜或面部皮肤烧伤。飞溅的氰化物、亚硫酸盐、强碱等可引起严重的眼烧伤，因为碱比酸对人体的腐蚀性更强。

（3）非电离辐射眼伤害。非电离辐射指波长为100纳米的可见强光、紫外线和红外线。在电气焊接、氧切割、炉窑、玻璃加工、热轧和铸造等场所，能产生强光、紫外线和红外线。

紫外线可损伤人眼组织，引起日光性角膜炎、白内障、老年性黄斑退化等疾病。紫外辐射还可引起眼结膜炎，有畏光、疼痛、流泪、眼睑炎等症状；引起电光性眼炎，是工业中常见的职业性眼病。

红外线辐射眼组织可产生热效应，引起眼睑慢性炎症和职业性白内障。

强可见光可引起眼睛疲劳和眼睑痉挛等，但这些症状是暂时的，不会留下病理变化。

（4）电离辐射眼伤害。电离辐射包括 α 粒子、β 粒子、γ 射线、X 射线、热中子、质子和电子等辐射。电离辐射主要发生在原子能工业、核动力装置、高能物理实验、医疗门诊、同位素治疗等场所。眼睛受到电离辐射将产生严重的后果。

相关链接

根据防护部位和防护性能，眼面部防护用品主要为防护眼镜和防护面罩类，主要防护眼睛和面部免受紫外线、红外线和微波等电磁波辐射，以及防护粉尘、烟尘、金属和砂石碎屑、化学溶液溅射的损伤。

48. 防冲击眼护具在材料上有哪些要求？

防冲击眼护具的材料要求如下：

（1）具有适当的强度和弹性。

（2）不能用对皮肤有害的材料制作。

（3）不能用硝酸纤维类的易燃材料制作。

（4）镜片应由塑胶片、黏合片或经强化处理的玻璃片制成，普通玻璃片只有紧靠在这些镜片的背面时才可使用。

相关链接

防冲击眼护具的结构要求如下：

（1）表面光滑、无毛刺、无锐角，不能有引起眼部或面部不舒适感的其他缺陷。

（2）可调部件或结构零件应易于调节和更换。

（3）透气性良好。

（4）眼罩头带所用材料质地柔软、经久耐用。

（5）防护眼镜的防护范围必须包括正面和侧面。

49. 防冲击眼护具有什么技术要求？

防冲击眼护具对视野有严格的要求：最小上侧视野为80°；对于由两片镜片组成的眼护具，最小下方视野为60°；对于由单片镜片组成的眼护具，最小下方视野为67°。

防冲击眼护具主要技术性能要求如下：

（1）抗高强度冲击性能。用于抗高强度冲击的眼镜，应满足其强度要求。

（2）耐热性。镜片放在67 ℃的水中，保温3分钟后取出，立即放入4 ℃以下的水中，不应出现破裂等异常现象。

（3）耐腐蚀性。清除金属部件表面油垢后，放入沸腾的质量分数为 0.1% 的食盐溶液中浸泡 15 分钟，取出后在室温下干燥 24 小时，再用温水洗净，待其干燥，观察表面无腐蚀现象为合格。

（4）镜片的外观质量。将镜片置于背景色前，用 60 瓦白炽灯照明目测，表面光滑，无划痕、波纹、气泡、杂质等明显缺陷。

 知识学习

防冲击眼护具的产品主要有以下几种：

（1）有机玻璃眼镜（面罩）。这类产品透明度良好，质性坚韧有弹性，能耐低温，质量轻，耐冲击强度比普通玻璃高 10 倍。缺点是不耐高温，耐磨性差。有机玻璃眼镜主要适用于金属切削加工、金属磨光、锻压工件、粉碎金属或石块等作业场所。

（2）钢化玻璃眼镜。钢化玻璃眼镜是由普通玻璃经加热到 800~900 ℃以后，再进行急冷却处理，使其内部发生结构应力改变，提高抗冲击强度后制成的眼镜。钢化玻璃镜片能承受较大的冲击力，即使破裂，只产生圆粒状的碎片。

（3）钢双纱外网防护眼镜。这种眼镜镜架用圆形金属制成，镜框分内、外两层：内层配装圆形平光玻璃镜片，安装镜脚；外层配装钢丝经纬网纱。上缘与内层框架上缘以可控扣件连接，下缘设钩卡，镜架两侧外缘至佩戴者的太阳穴处，与镜架连接。

50. 常见的焊接防护面罩有哪些技术要求？

（1）焊接眼护具材料。焊接眼护具的各部分材料应具有一定的强度、弹性和刚性，不能用有害于皮肤或易燃的材料制作，眼罩头带使用的材料应质地柔软、经久耐用。

（2）焊接面罩材料。必须使用耐高温、耐腐蚀、耐潮湿、阻燃并具有一定强度和不透光的非导电材料制作。

（3）焊接面罩及眼护具结构。铆钉及其他部件要牢固，没有松动现象；金属部件不能与面部接触，掀起部件必须灵活可靠；表面光滑，无毛刺、锐角或可能引起眼面部不适应感的其他缺陷；可调部件应灵活可靠，结构零件易于更换；应具有良好的透气性。

（4）面罩质量及规格。面罩的质量除去镜片、安全帽等附件后，不得大于500克；各类焊接面罩的长度、宽度、深度、观察窗要符合标准要求。

（5）焊接面罩的滤光片、保护片性能要求。表面及内在质量、保护片可见光透射比、滤光片颜色、滤光片透射比、屈光度偏差、平行度和强度性能等与焊接防护眼镜要求一致。

（6）面罩材料阻燃性能要求。面罩材料燃烧速度必须小于76毫米/分钟，塑料材料要求离开火源5秒之内能自行熄灭。

 相关链接

防护面罩在使用过程中要经常检查，看是否出现材料老化、变质、针孔、裂纹以及其他机械损伤，如发现上述情况，立即停止使用。

51. 焊接防护面罩产品有哪些类型？

（1）手持式焊接面罩。这类产品由面罩、观察窗、滤光片、手柄等部分组成。面罩部分材料用化学钢纸或塑料注塑成型。手持式焊接面罩多用于一般短暂电焊、气焊作业场所。

（2）头戴式电焊面罩。这类产品由面罩、观察窗、滤光片和头带等部分组成。按材料不同，又有头戴式钢纸电焊面罩和头戴式全塑电焊面罩。头戴式的面罩与手持式的面罩基本相同，头带由头围带和弓状带组成，面罩与头带用螺栓连接，可以上下翻动。不用时可以将面罩向上掀至额部，用时则向下遮住眼睛和面部。这类产品适用于电焊、气焊操作时间较长的岗位。

（3）安全帽式电焊面罩。这种产品是将电焊面罩与安全帽用螺

栓连接在一起，可以灵活上下翻动，适用于电焊作业，既能防护电焊弧光的伤害，又能防止作业环境坠落物体打击头部。

 相关链接

一般焊接防护面罩要求不但能有效防止各种有害光线对眼睛的照射伤害，还要防止焊接过程中产生的金属飞屑等造成的眼部冲击伤害。

52. 焊接护目镜有哪些类型？

（1）普通式焊接护目镜。这种焊接护目镜可防侧光，式样同普通眼镜。

（2）翻转式焊接护目镜。这种焊接护目镜可将焊接滤光镜片翻转，便于观察焊接件的部位，同时在眼罩上设有透气孔，可以起到通风散热的作用。

（3）折叠式焊接护目镜。其特点是左右眼罩之间以轴链相接，可以折叠，携带方便。

（4）开放式焊接眼罩。其特点是滤光片可以根据需要更换，更换时只需将滤光片从框架的插槽中向一侧推出，然后插上需要的镜片即可，非常方便。

（5）单镜片气焊眼罩。其特点是结构简单，间接通风。

 相关链接

在工业生产中，铸造、机械制造、建筑、采石等行业是发生眼部冲击伤害的主要行业。

53. 防热辐射面罩产品有哪些类型？

防热辐射面罩产品主要有以下3类：

（1）头戴炉窑热辐射面罩。面罩为有机玻璃制成，头带可用钢纸板或塑料制作。

（2）全帽连接式面罩。面罩由有机玻璃面罩与安全帽前部用螺栓连接而成，可以上下掀动，不仅防热辐射，还可防异物冲击和头部伤害。

（3）头罩式防热面罩。这类产品由面罩、头罩和披肩构成，有全封闭式和半封闭式。头罩式防热面罩的头罩和披肩应用阻燃面料制作，在有热辐射的环境，应选白色或喷涂金属的材料制成，其反射热辐射性能较好。面罩若全由有机玻璃制成，表面镀金属或贴金属薄膜，屏蔽效率可达到98%，反射热辐射和隔热的效果更好。观察窗的滤光片可用镀金属膜无机玻璃或镀膜有机玻璃制作。若采用有机玻璃为基片，还可在有机玻璃片外再覆以一层普通无机玻璃为保护片，以提高耐温性能和抗摩擦性。头罩式防热面罩多用于有热辐射、红外线辐射、火花飞溅的作业场所。

 知识学习

高温、热辐射作业生产场所的环境特点是气温高、热辐射强度大，而相对湿度较低，易形成干热环境。如冶金工业的炼焦、炼铁、轧钢等车间，机械制造工业的铸造、锻造、热处理等车间，搪瓷、玻璃、砖瓦等工业的窑炉车间，火力发电厂和锅炉房等。

54. 激光操作人员如何进行正确防护？

（1）激光操作人员眼睛不能直接对准激光束或其反射光，即使佩戴激光防护镜，也最好不要直视光束，只能斜视激光源，以防万一。

（2）根据自己使用的激光发射器确认激光的种类及波长。如果波长是在紫外区域或红外区域，则选用完全吸收型的激光眼镜。如果波长是在可视区域，可选用完全吸收型的激光眼镜或一部分透过型的激光眼镜。使用同一种激光发射器，其激光波长不同的情况也很多。所以，一定要确认清楚激光的波长，以选择使用适用的防护眼镜。

（3）选用时一定要注意每副眼镜上标明的防护光密度值、可见光透过率和波长，一种镜片只能防一种波长的激光，只有少数激光防护镜能防两种波长的激光，不能用一种防护镜代替所有的激光防护品。

（4）防护镜在使用过程中要经常检查，看是否出现材料老化、变质、针孔、裂纹以及其他机械损伤，如发现上述情况，应立即停止使用。

（5）在进行激光操作时，不仅仅要使用与波长相符合的激光防护镜，还要在激光发射器周围围上窗帘、隔挡物等，尽可能防止激光扩散。如果激光发射器或加工机的周围不能围隔挡物时，则要用隔挡物保护操作人员或周围人员，双重的安全对策是十分重要的。

第**6**章
听觉器官防护用品

55. 噪声具有什么危害？

（1）噪声的定义。从物理学的观点出发，噪声就是各种不同频率和强度的声音无规律的杂乱组合。从生物学的观点来讲，凡是使人烦躁的、讨厌的、不需要的声音都称为噪声。

（2）噪声对人体的听觉伤害如下：

1）暂时性听阈位移。暂时性听阈位移是指人或动物接触噪声后引起听阈变化，脱离噪声环境后经过一段时间听力可恢复到原有水平。根据变化程度不同，暂时性听阈位移可分为听觉适应和听觉疲劳。

①听觉适应。听觉适应指短时间暴露在强烈噪声环境中，感觉声音刺耳、不适，停止接触后，听觉器官敏感性下降，脱离接触

后对外界的声音有"小"或"远"的感觉，听力检查听阈可提高10~15分贝，离开噪声环境1分钟之内可以恢复。

②听觉疲劳。听觉疲劳指较长时间停留在强烈噪声环境中，引起听力明显下降，离开噪声环境后，听阈提高超过15~30分贝，需要数小时甚至数十小时听力才能恢复。

2）永久性听阈位移。永久性听阈位移是指噪声引起的不能恢复到正常水平的听阈升高。根据损伤的程度，永久性听阈位移又分为听力损伤及噪声性耳聋。

①听力损伤。此时患者主观无耳聋感觉，交谈和社交活动能正常进行。

②噪声性耳聋。噪声性耳聋是人们在工作过程中，由于长期接触噪声而发生的一种进行性的感音性听觉损伤。早期损伤主要在高频范围内，国际标准化组织（ISO）确定听力损失25分贝为耳聋的标准。

③爆震性耳聋。在某些生产条件下，如进行爆破，由于防护不当或缺乏必要的防护设备，可因强烈爆炸所产生的振动波造成急性听觉系统的严重外伤，引起听觉丧失，称为爆震性耳聋。根据损伤程度不同可出现鼓膜破裂、听骨破坏、内耳组织出血，甚至同时伴有脑震荡。患者的主要症状有耳鸣、耳痛、恶心、呕吐、眩晕，听力检查严重障碍或完全丧失。

相关链接

噪声性耳聋为我国法定的职业病，其诊断的依据如下：强噪声的职业接触史、耳鸣症状和自觉听力下降及电测听的听力下降资料、结合工作现场的卫生学资料、排除其他致聋原因（中耳炎、药物、老年聋、外伤等）。人耳正常听力为普通交谈 55~65 分贝，个别可低至 15 分贝，一般认为听力损失在 25~40 分贝为轻度耳聋，40~55 分贝为中度耳聋，70~90 分贝为重度耳聋，90 分贝以上为极端耳聋。

56. 如何控制生产性噪声？

（1）消除或降低声源的噪声，使其降低到噪声卫生标准。

（2）消除或减少噪声传播，从传播途径上控制噪声，主要是阻断和屏蔽声波的传播。

具体措施如下：企业总体设计布局要合理，强噪声车间要与一般车间以及职工生活区分开；车间内强噪声设备与一般生产设备分开；利用屏蔽阻止噪声传播，如使用隔声罩、隔声板、隔声墙等隔离噪声源，强噪声作业场所要设置隔声屏；采取吸声措施，利用吸声材料装饰车间墙壁或将吸声材料悬挂在车间里，以吸收声能；采取隔振措施。

相关链接

预防噪声的卫生保健措施有以下几个方面：

（1）加强个人防护是防止噪声性耳聋简单而易行的重要措施。个人防护用品有防声耳罩、耳塞、帽盔等。

（2）加强听力保护与健康监护，定期进行健康检查。重点查听力，对高频听力下降超过15分贝者，应采取保护措施。就业前进行保健检查，以发现职业禁忌证。

（3）合理安排劳动与休息，实行工间休息制度，休息时要离开噪声源。

（4）监测车间噪声，鉴定噪声控制措施的效果，监督噪声卫生标准执行情况。

（5）为保护噪声作业人员的健康，就业前必须进行健康检查，这是预防噪声危害的重要保护措施。

57. 常用的听觉防护用品有哪些？

听觉防护用品主要有两大类：一类是置放于耳道内的耳塞，用于阻止声能进入；另一类是置于外耳外的耳罩，限制声能通过外耳进入耳鼓及中耳和内耳。需要注意的是，这两类听觉防护用品均不能阻止相当一部分的声能通过头部传导到听觉器官。

（1）耳塞。耳塞可以置放在耳道内，由树脂泡沫或者橡胶等材料制成，用完了就可丢弃。也有一些种类的耳塞是可以重复使用的，但是必须注意工业卫生。为此，在使用后要特别注意耳塞的清洁问题。另外，也要注意耳塞和佩戴者的耳道是否匹配。因为各人的耳道大小不一，所以要用不同尺寸的耳塞。虽然耳塞有好几种不同的尺寸，但要由经过考核的人员来决定佩戴者应使用的尺寸。

（2）耳罩。耳罩由可以盖住耳朵的套子和放在人脑上来定位的带子组成。套子通常装有树脂泡沫、塑胶材料，达到把耳朵密封起来的效果。套子里充填了吸声材料。耳罩的密封性取决于耳罩的设计、密封的方法及佩戴的松紧程度。

58. 如何正确使用听觉防护用品？

使用耳塞时，以能密塞外耳道又不引起刺激或压迫为好。使用耳罩时，要覆盖双耳。耳罩能罩住部分颅骨，有助于减少一部分经骨传到内耳的噪声。使用帽盔时，要覆盖大部分头骨，以防止强烈噪声经骨传导到内耳，帽盔两侧耳部常垫防声材料，加强防护效果。使用这些听觉防护用品时，应根据噪声的强度和频谱合理选用。对噪声强度是 110 分贝的中频噪声，只用耳塞即可；对 140 分贝的噪声，即使是低频，也宜耳塞和耳罩并用，或戴帽盔。

 相关链接

人员长期在噪声环境下工作，如果不重视听力保护，随着时间的推移，轻则会感到耳朵"背"，重则会成为"聋子"。

第7章
手部防护用品

59. 防护手套具有什么防护作用？

防护手套的种类繁多，除抗化学物外，还有防切割、电绝缘、防水、防寒、防热辐射和耐火阻燃等功能。需要说明的是，一般的防酸碱手套与抗化学物的防护手套并非完全等同。许多化学物对于手套材质具有不同的渗透能力，所以应选择具有防各类化学物渗透的防护手套。

要根据防护手套的特性和可能接触的危害物，选用适当的手套。应考虑化学品的存在状态（气态、液体）和浓度以确定该手套是否能抵御可能的危害。例如，由天然橡胶制造的手套可应付一般低浓度的无机酸，但不能抵御浓硝酸及浓硫酸；橡胶手套对病原微生物、放射性尘埃有良好的阻断作用。

防止火或高温、低温的伤害,
防止电磁与电离辐射的伤害,
防止电、化学物质的伤害,
防止撞击、切割、擦伤和微
生物侵害以及感染。

防护手套的作用主要有以下几点:

（1）防止火或高温、低温的伤害。

（2）防止电磁与电离辐射的伤害。

（3）防止电、化学物质的伤害。

（4）防止撞击、切割、擦伤和微生物侵害以及感染。

 相关链接

　　防护手套分为有衬里和无衬里两类：无衬里手套具有优异的触感，使佩戴者的双手工作灵活；有衬里的手套（衬里一般为针织，手套加上衬里后提高了结构强度）可以更好地防割、切、刺、穿，但触感不如无衬里手套。

60. 防护手套使用时有哪些注意事项？

使用防护手套前，首先应了解不同种类手套的防护作用和使用要求，以便在作业时正确选择。切不可把一般场合用的手套当作专用防护手套来使用。在某些工作环境下，所有防护手套都应佩戴合适，避免手套指过长，否则易被机械绞或卷住，造成手部受伤。

不同的防护手套有其特定的用途和性能，在实际工作时一定要结合作业情况来正确使用，以保护手部安全。以下是在使用防护手套时的注意事项：

（1）普通操作应佩戴防机械伤手套，可用帆布、绒布、粗纱制作而成，以防丝扣、尖锐物体、毛刺、工具等伤手。

（2）冬季应佩戴防寒棉手套，对导热油、三甘醇等高温部位操作也应使用棉手套。

（3）使用甲醇时必须佩戴防毒乳胶或橡胶手套。

（4）加电解液或打开电瓶盖要使用耐酸碱手套，注意防止电解液溅到衣物上或身体其他裸露部位。

（5）焊割作业应佩戴焊工手套，以防焊渣、熔渣等烧坏衣袖、烫伤手臂。

（6）备有耐火阻燃手套，用于救火或有可能造成烧伤的操作。

（7）接触设备运转部件时禁止佩戴手套。

（8）防护手套，特别是被凝析油、汽油、柴油等轻质油品浸湿的手套使用完毕应及时清洗油污；禁止戴此类手套吸烟、点火、烤火等，以防被点燃。

（9）操作旋转机床时禁止戴手套。

 相关链接

防护手套都应具有标识，具体如下：

（1）防护手套商标、生产商或代理商的说明。

（2）防护手套的名称（商业名称或代码，以便佩戴者知道生产商和适用范围）。

（3）大小型号。

（4）如有必要，应标上老化日期。

61. 如何对防护手套进行保管与维护？

（1）在使用橡胶、塑料等类防护手套后应将其冲洗干净，并晾干。保存时应避免高温，并在制品上撒上滑石粉，以防止其粘连。

（2）必须定期检验绝缘手套的电绝缘性能，检验后不符合规定的不能使用。

（3）强氧化性酸如硝酸、铬酸等易因强氧化作用造成防护手套发脆、变色、早期损坏。高浓度的强氧化性酸甚至会引起烧损，所以在保存过程中都应注意检查。

62. 什么是绝缘手套？

绝缘手套是用天然橡胶制成，用绝缘橡胶或乳胶经压片、模压、硫化或浸模成型的五指手套，主要用于电工作业。

　　绝缘手套是劳动防护用品，起到对手或者人体的保护作用，具有防触电、防水、耐酸碱、防化、防油的功能，适用于电力、汽车和机械维修、化工、精密安装等行业。制作绝缘手套的每种材料拥有不同特点，根据与手套接触的有危险性的对象种类，具有专门用途。

你这种手套是不行的，我们电工要戴绝缘手套。

 相关链接

　　带电作业用绝缘手套是个体防护装备中绝缘防护的重要组成部分。

63. 绝缘手套有哪些种类?

绝缘手套按照形状可分为直形手套和手指形手套,按照其绝缘性能可分为 A、B、C 三类。

A 类主要用于交流电压小于 1 千伏、直流电压小于 1.5 千伏的作业场所。

B 类主要用于交流电压小于 7.5 千伏、直流电压小于 11.25 千伏的作业场所。

C 类主要用于交流电压小于 17 千伏、直流电压小于 25.55 千伏的作业场所。

使用过程中,又将绝缘手套按照使用效果分为一级品、二级品。一级品和二级品都是合格的产品,除此之外的都属于不合格产品,严禁使用。

64. 绝缘手套的使用有哪些注意事项?

（1）使用经检验合格的绝缘手套（每半年检验一次）。

（2）佩戴前要对绝缘手套进行气密性检查，具体方法：将手套从口部向上卷，稍用力将空气压至手掌及指头部分，检查上述部位有无漏气，如有则不能使用。

（3）使用时注意防止尖锐物体刺破手套。

（4）使用后注意存放在干燥处，并不得接触油类及腐蚀性药品等。

（5）不使用时应包装并储存在专用箱内，避免阳光直射、雨雪浸淋，并应小心放置，防止挤压折叠。

 相关链接

　　每只绝缘手套必须有明显且持久的标记，具体包括以下内容：

　　（1）象征符号（双三角形）。

　　（2）制造厂名或商标。

　　（3）型号。

　　（4）使用电压等级。

　　（5）制造年份、月份。

65. 绝缘手套有哪些技术指标?

《带电作业用绝缘手套》（GB/T 17622—2008）规定的带电作业

绝缘手套的技术指标如下：

（1）外形及其尺寸。尺寸规格只提供参考值，不强制规定，便于生产单位可以按照实际情况定制。

（2）电气性能。手套必须具有良好的绝缘特性，能达到规定的耐交流、直流电压水平。

（3）机械性能。手套具有符合规定的机械性能，包括拉伸强度和扯断伸展率、抗刺穿力、拉伸变形规格。

（4）耐老化性能。经过热老化试验的手套，拉伸强度和扯断伸展率所测值应为未进行试验的手套所测值的80%以上，拉伸永久变形不超过15%。

（5）热性能。手套应达到规定的耐低温和高温性能指标值。

《带电作业用绝缘手套》（GB/T 17622—2008）详细规定了各种性能指标的试验标准。只有经过试验，符合国家标准的绝缘手套才能出厂供生产现场使用。

相关链接

《带电作业用绝缘手套》（GB/T 17622—2008）详细规定了各种性能指标的试验标准。只有经过试验，符合国家标准的绝缘手套才能出厂供生产现场使用。手套在经过一定的使用时间之后都要进行必要的耐电压试验。

第 **8** 章
足部防护用品

66. 足部伤害的因素有哪些？

足部伤害包括以下因素：

（1）物体砸伤或刺割伤。这是最常见的伤害因素。在机械工业、冶金工业、建筑工业等生产或施工过程中常有物体坠落或锐利的物品散落在地面上，容易砸伤足趾或刺伤足底。例如，某冶金炉修理厂脚伤人数占总工伤人数的 50% 左右。

（2）高低温伤害。在冶炼、铸造、金属热加工、焦化、工业炉窑等作业场所，不仅环境气温高，而且还有强辐射热灼烤足部，灼热的物料易喷溅到足面或掉入鞋内引起烧伤、烫伤。在寒冷地区，特别是在冬季户外施工时，温度在 0 ℃以下，有的甚至在 –30~–20 ℃施工。足部受到低温的影响，可能发生冻伤，降低工作效率。

（3）化学性（酸、碱）伤害。在化工厂、造纸厂、有色冶炼、电池生产等作业时，常常接触酸、碱溶液，可能发生足部被酸、碱灼伤的事故。

（4）触电伤害。触电伤害是工伤事故中常见的伤害因素，可分为接触电伤害和非接触电伤害。接触电伤害主要是电流伤害，它可破坏人体内部组织，如心脏、呼吸系统、神经系统等。轻者有针刺感、打击感，出现颤抖、痉挛、血压升高、心律不齐甚至昏迷。重者可发生心室颤动、心跳停止、呼吸停止甚至死亡。非接触电伤害主要是电弧伤害，表现为电烙印、电烧伤、皮肤炭化，严重者会伤及肌肉、骨骼和内部器官。电流通过人体最易发生触电伤害的部位之一是脚，可见脚部防触电的重要性。

（5）静电伤害。静电主要是引起人体的心理障碍，产生恐惧情绪，可造成手被轧碾在机器内或从高处坠落等二次事故。此外，也可能会因静电电击造成皮肤烧伤和皮炎。而静电的主要危害是在工业中发生易燃易爆事故。

（6）强迫体位。强迫体位主要发生在低矮的井下巷道作业，膝部常弯曲或膝盖着地爬行，造成膝关节发生滑囊炎。

67. 足部防护用品有哪些种类？

防护应用场所较大危害因素的防护鞋统一称为特种防护鞋，防护不显现的危害因素的防护鞋称为常规防护鞋。国家对特种防护鞋的生产、经营非常重视，建立了许可证制度，并强制要求按照国家强制性标准执行。按防护功能，防护鞋可分为以下几种：

（1）工业用防护鞋、防水鞋、防寒鞋、绝缘鞋、防静电鞋、导电鞋、电热鞋、防腐蚀鞋（碱、酸、油）、放射性污染防护鞋、防尘鞋、防污鞋及防一般机械伤害的鞋、防滑鞋、防振鞋、轻便鞋、无尘鞋、抗刺割鞋。

（2）林业安全鞋、采伐鞋、扑火用阻燃鞋。

（3）铸造及类似热作业用安全鞋。

（4）建筑等高处作业用安全鞋。

（5）搬运工、修理工等工种用安全鞋。

（6）采矿鞋。

68. 各类防护鞋的功能是什么？

（1）防油劳保鞋用于地面积油或溅油的场所。

（2）防水劳保鞋用于地面积水或溅水的作业场所。

（3）防寒劳保鞋用于低温作业人员的足部保护，以免受冻伤。

（4）防刺穿劳保鞋用于足底保护，防止被各种尖硬物件刺伤。

（5）防砸劳保鞋的主要功能是防坠落物砸伤脚部。

（6）炼钢劳保鞋主要功能是防烧烫、刺割，应能承受一定静压力和耐一定温度、不易燃，这类劳保鞋适用于冶炼、炉前、铸铁等。

69. 防护鞋主要用在哪些工作场合？

（1）具有机械刺穿外伤、脏污环境的作业现场，如有堆置物、机器设备和运输器械运转以及使用材料、工具的场所。

（2）具有高温辐射和火花飞溅环境的高温作业场所，这类作业环境温度高而又有强辐射危害，如冶金工业等，都必须穿防护鞋。

（3）酸、碱浓度较低的作业场所。

（4）潮湿或者特别肮脏的作业场所。

70. 防护鞋选择和使用原则是什么？

（1）防护鞋除了须根据作业条件选择适合的类型外，还应合脚，穿起来使人感到舒适。这一点很重要，要仔细挑选合适的鞋号。

（2）防护鞋要有防滑的设计，不仅要保护人的脚免遭伤害，而且要防止操作人员滑倒所引起的事故。

（3）各种不同性能的防护鞋，要达到各自防护性能的技术指标，如脚趾不被砸伤，脚底不被刺伤，绝缘导电等要求。但需要注意的是，安全鞋也不是万能的。

（4）使用防护鞋前要认真检查或测试。在电气和酸碱作业中，破损和有裂纹的防护鞋都是有危险的。

（5）防护鞋用后要妥善保管。橡胶鞋用后要用清水或消毒剂冲洗并晾干，以延长使用寿命。

71. 防刺穿鞋有什么防护作用？

作业场所有堆置物，机器设备、运输器材运转以及使用材料、工具中，可能发生钉子、金属废料或其他尖锐物体刺、割作业人员脚底的危险，其伤害情况与机械外伤相同。这种情况在接触机

防刺穿鞋是在鞋底上方置入钢片，防止锐器和利刃刺穿鞋底对工作人员脚底部造成伤害。

械和工具材料的行业、工种极为普遍。除了机械行业外，其他行业如交通运输以及仓储业，都存在类似的伤害。

防刺穿鞋是在鞋底上方置入钢片，防止锐器和利刃刺穿鞋底而对作业人员脚底部造成伤害。防刺穿鞋用于足底保护，防止被各种坚硬物件刺伤，主要适用于采矿、机械、建筑、冶金、采伐、运输等行业。

 相关链接

防砸鞋与一般防护鞋的区别如下：

防砸鞋是指鞋内前端有保护包头且能抗冲击能量 100 焦、耐 10 千牛静压力的特殊防护鞋，可以保护穿着者脚趾免受坠落物的意外伤害。

一般防护鞋具有保护特征但未装保护包头，用于保护穿着者免受其他意外事故引起的伤害。

72. 电绝缘鞋有什么防护作用？

电绝缘鞋（靴）是能使人的脚与带电物体绝缘，预防由脚发生电击的防护鞋。

电在生产和日常生活中应用非常广泛。除了电力工业的发电厂、电站和供电部门外，各行各业都有带电操作的电工。人体的不同部位、不同器官的导电能力和电阻都不一样。皮肤的角质层在干燥时有较高的电阻值。但一般情况下，当皮肤有出汗和积尘等现象时，会导致电阻值急剧下降。当人体接触带电物体，形成闭合回路中的一个通路时，或处于高压感应区内，或处于跨步电压范围时，若处理不当，均会造成触电事故。

电绝缘鞋就是为了防止电流经过人体与大地形成回路发生触电事故而设计出来的一种防护鞋。

 知识学习

跨步电压是指人进入漏电接地体使地面带电的区域内时，加在人的两脚之间的电压，人的跨距按 0.8 米考虑。人紧靠接地体位置，承受的跨步电压最大；人离开了接地体，承受的跨步电压要小一些。

73. 防静电鞋和导电鞋的主要功能是什么？

防静电鞋和导电鞋都是以消除人体静电为目的的防护鞋。防静电鞋不仅可用于防止人体静电积聚，而且还可以防止因不慎触及250伏以下工频电压所带来的危险。导电鞋不仅可以在尽可能短的时间内消除人体静电，而且还可以使人体所带来的静电电压降至最低，但仅用于不会遭到电击的场所。

 相关链接

在生产工艺过程和人员操作过程中，某些材料的相对运动、接触与分离等会形成静电。静电不会直接使人致命，但是，静电电压可能瞬时高达数万乃至数十万伏，可能在现场发生放电，产生静电火花。静电危害事故主要有以下几个方面：

（1）在有爆炸和火灾危险的场所，静电放电火花会成为可燃性物质的点火源，造成爆炸和火灾事故。

（2）人体因受到静电电击的刺激，可能引发二次事故，如坠落、跌伤等。此外，对静电电击的恐惧心理还会对工作效率产生不利影响。

（3）某些生产过程中，静电的物理现象会对生产产生妨碍，导致产品质量不良，电子设备损坏。严重者会造成生产故障，乃至停工。

74. 防静电鞋和导电鞋有哪些使用注意事项？

（1）导电鞋不能用于有电击危险的场所。

（2）防静电鞋虽然有防电击的作用，但禁止当绝缘鞋使用。

（3）穿用防静电鞋和导电鞋时，不应同时穿绝缘的毛料厚袜及垫绝缘鞋垫。

（4）使用防静电鞋的场所地面是防静电的地面，使用导电鞋的场所地面应是能导电的地面。

（5）防静电鞋应同时与防静电服配套穿用，注意鞋子的清洁、防水、防潮。

（6）在穿用防静电鞋和导电鞋过程中，应对鞋的电阻进行测试。如果电阻值不在规定的范围内，则不能作为防静电鞋或导电鞋继续使用。

 知识学习

　　穿用防静电鞋或导电鞋时，工作地面必须有导电性，确保能导走静电，不能用绝缘橡胶板铺地。同时最好穿用导电袜，以便人体电荷可以通过鞋底导走。认清防静电鞋和导电鞋的特殊标志，千万不能当作绝缘鞋使用，以免发生危险。

75. 耐酸碱鞋的主要防护作用是什么？

耐酸碱鞋（靴）采用防水革、塑料、橡胶等为鞋的材料，配以耐酸碱鞋底经模压、硫化或注压成型，具有防酸碱性能。其主要作用是在脚部接触酸碱或酸碱溶液泼溅在足部时，保护足部不受伤害。耐酸碱鞋只适用于一般浓度较低的酸碱作业场所，不能浸泡在酸碱液中进行长时间作业，以防酸碱溶液浸入鞋内腐蚀脚造成伤害。

根据材料的性质，耐酸碱鞋（靴）可分为耐酸碱皮鞋、耐酸碱塑料模压靴和耐酸碱胶靴三类。

第9章
躯干防护用品

76. 对一般防护服有哪些要求?

一般防护服是在各行各业穿用的防御普通伤害和脏污的服装,又称工作服。根据不同行业的要求,选用不同的面料制成各种工作服、标志服。

一般防护服应做到安全、适用、美观、大方,应有利于人体正常生理要求和健康,款式应针对防护需要进行设计,以适应作业环境下的肢体活动,便于穿脱,不易引起钩、挂、绞、碾,有利于防止粉尘、污物玷污身体。

根据一般防护服的功能需要,选用与之相适应的面料,以便于洗涤和修补。一般防护服颜色应与作业场所背景色有区别,不得影响各种色光信号的正确判断。凡需要一般防护服上带有安全标志时，标志颜色应醒目、牢固。一般防护服根据结构可分为上下身分离、衣裤或帽连体、大褂、背心、背带裤、围裙、反穿衣等款式。

一般防护服又称工作服，主要是针对作业场所与环境的需要，对机械伤害能够起到辅助的预防作用。

 相关链接

一般防护服主要是针对作业场所与环境的需要，能够对机械伤害起到辅助的预防作用。

77. 防护服分为哪些种类？

躯干防护用品，即通常讲的防护服装，包括防护服和防护背甲两类。防护服分一般防护服和特殊防护服。具有特种防护性能的防护服有阻燃防护服、防火服、消防服、避火服、隔热服、消防指挥服、消防训练服、防化服等。以使用目的来区别，防护服可分为以下几类：

（1）在处理一些气体、液体、固体等化学药品时穿用，为了防止化学物质透过衣物侵害身体而使用的化学防护服。

（2）防止细菌、病毒等生物学的危险因子危害的防生物危害防护服。

（3）防止放射性污染物质危害的防放射性防护服。

（4）防止热和高温的耐燃服、避火服。

（5）防止火伤害身体的防火服。

（6）救火时，消防队员用的消防作业服和用防水材料做的防水服。

（7）在寒冷的野外或低温仓库等场所作业时用的耐寒服。

（8）防止高压电磁场及高频电磁波危害的防静电、导电及高频电磁波用的防护服。

（9）防止链锯、刃物、铳弹等切伤、割伤的普通及特种防护服。

 相关链接

　　防护服装的功能首先取决于所选用的面料。任何一种具有特定用途的防护服装，都要求面料具有相应的性能，包括特殊的性能。防护服性能是指面料对危害因素的抗御能力及持久性，它随危害性质的不同而又具体体现在若干个项目的指标要求上。比如，用于防酸碱腐蚀介质的防护服装面料，首先要耐酸碱，同时又要求抗渗透。

78. 化学防护服（防酸工作服）有哪些类型？

防酸工作服是用耐酸性织物或橡胶、塑料等材料制成的防护服，是从事酸作业人员穿用的具有防酸性能的服装。

防酸工作服产品根据材料性质的不同分为透气型防酸工作服和不透气型防酸工作服两类。

透气型防酸工作服用于中度、轻度酸污染场所，产品有上下身分离式和大褂式两种款式。不透气型防酸工作服用于严重酸污染场所，有连体式、上下身分离式和围裙等款式。

相关链接

特殊作业防护服使用完毕，应进行检查、清洗、晾干保存，以便下次再用，产品应存放于干燥、通风、清洁的库房。以橡胶为基料的防护服，可用肥皂水洗净后冲洗晾干，撒些滑石粉膏存放；以塑料为基料的防护服，一般只在常温下清洗、晾干；以特殊织物为基料的防护服，如等电位均压服、微波防护服、防静电服等应远离油污，保持干燥，防止腐蚀性物质损坏，避免织物中的金属等导电纤维折断，应定期检查这类服装的电性能指标。

79. 防酸工作服的工作原理是什么？

（1）酸对人体的危害。酸分为无机酸和有机酸两大类。无机酸根据其化学性质的强弱，分为强酸（如硫酸、硝酸、盐酸等）、中强酸（如磷酸、亚硫酸等）和弱酸（如碳酸等）3 种。

强酸具有强腐蚀性，其中硫酸常用浓度为 98%，又叫 98 酸，接触水可释放大量热。硝酸常用浓度约为 65%，吸湿性强，氧化性强，易挥发，接触水可释放热。盐酸常用浓度约 38%，在化工、电镀、金属酸洗、制药、鞣革等行业中使用较多。

酸通常以液体状态与皮肤黏膜接触而引起烧灼伤，蒸发的气体或酸雾可对眼睛、呼吸道和牙齿等发生刺激而引起损害（酸气雾是生产性毒物之一）。液态时，硫酸较盐酸、硝酸的腐蚀性强；气态时，硝酸的危害性最强。少量高浓度酸液溅到皮肤上，可立即发生局部组织蛋白凝固坏死；接触大量酸液，能引起组织腐烂溶解。长期接触低浓度无机酸，皮肤会干燥破裂；硫酸雾能腐蚀牙齿，氢氰酸还能渗透肌肉骨骼，使其发生坏死现象。

（2）防酸工作服防护原理。防酸工作服主要是采用耐酸物质，使人体与酸液或酸气雾隔离，以及采用过滤材料，中和酸气雾，保护呼吸道和口腔。

 相关链接

有下列情况之一，用人单位应该供给职工工作服或者围裙，并且根据需要分别供给工作帽、口罩、手套、护腿和鞋类等劳动防护用品：

（1）有灼伤、烫伤或者容易发生机械外伤等危险的操作。

（2）在强烈辐射热或者低温条件下的操作。

（3）散发毒性、刺激性、感染性物质或者大量粉尘的操作。

（4）经常使衣服腐蚀、潮湿或者特别肮脏的操作。

80. 电离辐射对人体的主要危害是什么？

急性放射病是在短时间内大剂量电离辐射作用于人体而引起的。全身照射超过100坎德拉时会引起急性放射病；局部急性照射可产生局部急性损伤，如暂时性或永久性不育、白细胞暂时减少、造血障碍、皮肤溃疡、发育停滞等。急性放射损伤在平时非常少见，只在从事核工业和放射治疗时由于偶然事故而发生，或在核武器袭击下发生。

慢性放射病是在较长时间内接受一定剂量的电离辐射而引起的。全身长期接受超容许剂量的慢性照射可引起慢性照射病；局部接受超剂量的慢性照射可产生慢性损伤，如慢性皮肤损伤、造血障碍、生育力受损、白内障等。慢性损伤常见于放射工作职业人群，以神经衰弱综合征为主，伴有造血系统或脏器功能改变，常见白细胞减少。

放射性疾病已被定为职业病，并制定有相应的国家诊断标准。

胚胎和胎儿对辐射比较敏感。在胚胎着床前期受照，可使出生前死亡率升高；在器官形成期受照，可使畸形率升高；在胎儿期受照，小头症、智力迟钝等发育障碍的出现率增高。因此对育龄妇女和孕妇，在电离辐射的防护上都有特殊的要求。

电离辐射的远期随机效应表现为辐射可能致癌和可能造成遗传损伤。在受到照射的人群中，白血病、肺癌、甲状腺癌、乳腺癌、骨癌等各种癌症的发生率随受照射剂量增加而增高。辐射可能使生殖细胞的基因突变和染色体畸变，使受照者的后代中各种遗传疾病的发生率增高。

 相关链接

辐射包括电离辐射和非电离辐射。在核领域，辐射防护专指电离辐射防护。

81. 核防护服与辐射防护服的作用是什么？

核防护服也称管道式气衣（加压送风防护服），供人员免受 α 放射性气溶胶污染的危害，主要用途如下：

（1）可用于包括焊接及热切割在内的室内作业、维修操作，但不能用于灭火工作场所。

（2）适用于化工等有剧毒危险作业的抢修、维修等作业。

（3）适用急性传染病预防和生物战剂等极危险作业。

辐射防护服包括中子辐射防护服、100千电子伏以下辐射防护服、射频微波辐射防护服、防 X 射线服、紫外线防护服五大类，主要作用是防止人体直接暴露于辐射源之下，避免人体受到辐射伤害。

知识学习

　　随着现代科学技术的飞速发展，各种高能射线在军事、通信、医学、工农业等领域和日常生活中得到越来越广泛的应用。但高能射线在给人们带来方便和享受的同时，也在某种程度上给人带来了一些危害。人长时间受超剂量的辐射，将引起全身性的疾病，出现头晕、乏力、食欲减退、脱发等神经衰弱症候群。受大剂量辐射，不仅当时机体产生病变，而且辐射停止后还会产生远期效应或遗传效应，如诱发癌症、后代小儿痴呆症等。

82. 防水服的使用应注意哪些事项？

　　（1）防水服的用料主要是橡胶，使用时应严禁接触各种油类（包括机油、汽油、食用油等）、有机溶剂、酸、碱等物质。

　　（2）洗后不可暴晒、火烤，应晾干。

　　（3）存放时尽量避免

这是防水服，不可以暴晒、火烤，应晾干。

折叠、挤压，要远离热源，通风干燥。如需折叠，可撒些滑石粉，以免黏合。

（4）使用中避免与锐利物接触，以免割破后影响防水效果。

 知识学习

> 防水服是具有防御水透过和渗入的工作服，包括劳动防护雨衣、下水衣、水产服等品种，主要用于保护从事淋水作业、喷溅水作业、排水、水产养殖、矿井、隧道等浸泡水中作业的人员。防水服的产品类别如下：
>
> （1）胶布防护雨衣和防水工作服，是用橡胶涂覆织物为面料，经裁剪、缝制、黏合工艺制成的工作服，适用于从事淋水作业人员穿戴。
>
> （2）下水衣、下水裤、水产服。

83. 阻燃防护服有哪些类型？

阻燃防护服又称为消防服，是在接触火焰及炽热物体后能阻止本身有焰燃烧和引燃的防护服。它适用于在有明火、散发火花、熔融金属附近操作和在有易燃物质且有发火危险场所作业的人员。

消防服分为一般火灾用防火服和油类等火灾用的特殊防火服。防火服一般有两大类：一类防火服外层由耐火化纤布耐火棉、防水透气布、阻燃布等制成；另一类防火服叫避火服，常见的有阻燃防火防护服，防 800 ℃、1 000 ℃和 1 500 ℃辐射热的铝箔隔热服。

第10章
护肤用品

84. 哪些情况下可以使用劳动护肤用品？

暴露在有害环境中的皮肤如果受刺激不太强烈，涂抹劳动护肤用品，可起一定的隔离作用。劳动护肤用品适用于电镀、电解、油漆、印染以及带刺激性粉尘的作业，可分为护肤剂、护肤膏、皮肤清洁剂等。

85. 护肤剂有什么防护作用？

护肤剂是指涂抹在皮肤上，能阻隔有害因素的护肤用品。护肤剂用于防止皮肤免受化学、物理等因素的危害，如各种漆类、酸碱溶液、紫外线、微生物等的刺激作用。外界环境有害因素强烈时，应采取专门的防护器具。护肤剂一般在整个劳动过程中使用，涂用时间长，上岗时涂抹，下班后清洗，可起一定隔离作用，使皮肤得到保护。护肤剂主要分为以下几类：

（1）遮光型护肤剂，能防御紫外线等辐射对皮肤的伤害。

（2）洁肤型护肤剂，能清除皮肤上的油、尘、毒等，使皮肤免受损害。

（3）驱避型护肤剂，能驱避蚊、蠓、蚋和骚扰性卫生害虫对皮肤的刺叮，防止皮肤受损或由此引起疾病。

护肤剂是直接擦在皮肤上的化学品，应具有以下特性：

（1）应符合皮肤不会受有害微生物、有毒化学物质污染的卫生要求。

（2）应具备不对皮肤产生毒性、刺激、变态、光毒等毒理学作用的安全性能。

（3）酸碱性不会对皮肤产生刺激和损伤。

（4）使用时能黏附在皮肤上，但没有黏腻等不适感，散发使人愉悦的气味；使用后，易于清洗。

86. 护肤膏有哪些种类？

一些化学毒物不但常引起职业性皮肤病，而且能经皮肤进入人体内。护肤膏根据防护有害物质的不同，有许多种类，如有防水溶性刺激物类，防脂溶性刺激物类，防油溶性刺激物类，防沥青类，防有机溶剂、油漆、胶类，防石墨、环氧树脂类等，使用时须对症选用。护肤膏的基本要求如下：

（1）不损皮肤，不引起皮肤过敏。

（2）能充分防止生产中各种物质对皮肤的危害。

（3）能轻抹并保持在皮肤上，且容易洗掉。

（4）与人体组织和加工的物质原料不起作用，在使用时不裂化和变质。

（5）配制原料来源广泛且经济。

87. 对皮肤清洁剂有哪些要求？

为了清洗沾染在皮肤或工作服上的尘毒等有害物质，需要及时除去附着在皮肤和工作服上的毒物。清洁剂应易溶于水，能洗净污染而不伤皮肤和纤维织物，不含粗糙刺激物质等。清洁剂除一般配方外，还应有去油污、除有机物、除放射性物质等特种污染的配方。

（1）皮肤清洗液。皮肤清洗液指用硅酸钠、聚氧化乙烯烷基酚醚、甘油、氯化钠、香精等原料以适量比例配合而成的清洗液，对各种油污和尘垢有较好的除污作用，对皮肤无毒、无刺激且能滋润皮肤，防糙裂、除异味。皮肤清洗液适用于汽车修理、机械维修、机床加工、钳工装配、煤矿采挖、石油开采、原油提炼、印刷油印、设备清洗等行业。

（2）皮肤干洗膏。干洗膏是在无水情况下除去皮肤上油污的膏体。这类产品适用于在无水情况下（如汽车司机在途中检修排除故障，在野外勘探等）去除手上的油污。

第11章
防坠落用品

88. 什么是高处作业?

我国国家标准《高处作业分级》(GB/T 3608—2008)中规定:凡坠落高度基准面 2 米以上(含 2 米)有可能坠落的高处作业,均称为高处作业。高处作业高度在 2~5 米时,称为一级高处作业;高处作业高度在 5~15 米时,称为二级高处作业;高处作业高度在 15~30 米时,称为三级高处作业;高处作业高度在 30 米以上时,称为特级高处作业。《高处作业分级》中还规定了特殊高处作业的类别,如强风高处作业、异温(高温或低温)高处作业、雪地高处作业、雨天高处作业、夜间高处作业、带电高处作业、悬空高处作业、抢救高处作业。

根据《建筑施工高处作业安全技术规范》(JGJ 80—2016)的

有关规定，高处作业是指在坠落高度基准面2米以上（含2米），有可能坠落的高处进行的作业。

建筑施工的高处作业主要包括临边、洞口、攀登、悬空、操作平台及交叉等。

高处坠落、物体打击、机械伤害、触电、坍塌这五大伤害严重威胁着建筑施工单位职工的健康和生命安全，而高处坠落又被列为建筑施工五大伤害之首，事故发生率极高，占各类事故总数的50%以上，危险性极大。

 知识学习

坠落高度基准面是在可能坠落范围内最低处的水平面。可能坠落的范围是以作业位置为中心，可能坠落距离为半径画成的与水平面垂直的柱形空间。

可能坠落范围半径 R，根据高度 h 不同分别如下：

（1）当高度 h 为2~5米时，半径 R 为2米。

（2）当高度 h 为5~15米时，半径 R 为3米。

（3）当高度 h 为15~30米时，半径 R 为4米。

（4）当高度 h 为30米以上时，半径 R 为5米。

高度 h 为作业位置至其底部的垂直距离。

89. 高处作业有哪些安全技术措施？

（1）设置安全防护设施，如防护栏杆、挡脚板、洞口的封口盖板、临时脚手架和平台、扶梯、防护棚（隔离棚）、安全网等。

（2）设置通信装置，如为塔式起重机司机配备对讲机。

（3）高处作业周边部位设置警示标志，夜间挂有红色警示灯。

（4）设置足够的照明。

（5）穿防滑鞋，正确佩戴和使用安全帽、安全带等安全防护用具。

（6）设置供作业人员上下的扶梯和斜道。

90. 高处作业有哪些安全管理措施？

（1）凡从事高处作业的人员，应经体检合格，达到法定劳动年龄，具有一定的文化程度，接受安全教育。从事架体搭设、起重机械拆装等高处作业的人员还应取得特种作业人员操作资格证书。

（2）因作业需临时拆除或变动安全防护设施时，必须经有关负责人同意并采取相应的可靠措施，作业后应立即恢复。

（3）遇有六级（风速 10.8 米 / 秒）以上强风、浓雾等恶劣天气，不得进行露天高处作业。

（4）高空作业所用材料要堆放平稳，工具应随手放入工具袋（套）内，严禁高处抛掷作业工具、材料等。

（5）严禁跨越或攀登防护栏杆以及脚手架和平台等临时设施的杆件。

（6）雨天和雪天进行高处作业时，必须采取可靠的防滑、防寒和防冻措施，凡水、冰、霜、雪均应及时清除。高处作业者衣着要灵便，禁止穿硬底和带钉、易滑的鞋。

（7）没有安全防护设施，禁止在屋架的上弦、支撑、桁条、挑架的挑梁和未固定的构件上行走或作业。高处作业与地面联系，应设通信装置，并由专人负责。

（8）乘人的外用电梯、吊笼应有可靠的安全装置。除指派的专业人员外，禁止攀登起重臂、绳索和随同运料的吊篮、吊装物上下。

（9）加强安全巡查。

 相关链接

根据有关规定，从事高处作业的人员要定期体检，凡患有高血压、心脏病、贫血病、癫痫病以及其他不适合从事高处作业的人员不得从事高处作业。

91. 能够直接引起高处坠落的客观危险因素有哪些?

（1）阵风风力五级（风速 8.0 米 / 秒）以上。

（2）高温作业分级中Ⅱ级或Ⅱ级以上的高温作业。

（3）平均气温等于或低于 5 ℃的作业环境。

（4）接触冷水温度等于或低于 12 ℃的作业。

（5）作业场地有冰、雪、霜、水、油等易滑物。

（6）作业场所光线不足，能见度差。

（7）作业活动范围与危险电压带电体的距离小于规定值。

（8）摆动，立足处不是平面或只有很小的平面，即任一边小于 500 毫米的矩形平面，直径小于 500 毫米的圆形平面或具有类似尺寸的其他形状的平面，致使作业人员无法维持正常姿势。

（9）《工业场所有害因素职业接触限值 第 2 部分：物理因素》（GBZ 2.2—2007）规定的Ⅲ级或Ⅲ级以上的体力劳动强度。

（10）存在有毒气体或空气中氧的体积分数小于 19.5% 的作业环境。

（11）可能会引起各种灾害事故的作业环境和抢救突然发生的各种灾害事故。

 相关链接

高处作业高度是指该作业区各作业位置至相应坠落高度基准面的垂直距离中的最大值。

知识学习

> 落地的冲击力若过大，可能对人体产生胸部、腹部、泌尿系统外伤，从而造成脊椎断裂、肋骨骨折、血胸、气胸、内脏损伤等，严重的高处坠落事故可导致人员当场或间接死亡。

92. 如何正确使用安全带?

（1）应当检查安全带是否经质检部门检验合格，在使用前应仔细检查各部分构件是否完好无损。

（2）使用安全带时，围杆绳上要有保护套，不允许在地面上拖着绳走，以免损伤绳套影响主绳。使用安全绳时不允许打结，并且在安全绳的使用过程中不能随意将绳子加长，这样会有潜在的危险。

（3）架子工单腰带一般使用短绳比较安全。如需使用长绳，以选用双背式安全带比较安全。悬挂安全带不得低挂，应高挂低用或水平悬挂，并应防止安全带的摆动、碰撞，避开尖锐物体。

（4）不得私自拆换安全带上的各种配件。更换新配件时，应选择合格的配件。单独使用 3 米以上的长绳时应考虑补充措施，如在绳上加缓冲器、自锁钩或速差式自控器等。缓冲器、自锁钩或速差式自控器可以单独使用，也可以联合使用。

（5）作业时应将安全带的钩、环牢固地挂在系留点上，卡好各个卡子并关好保险装置，以防脱落。

（6）低温环境中使用安全带时应注意防止安全绳变硬割裂。

 相关链接

　　安全带必须用锦纶、维纶、蚕丝等具有一定强度的材料制成。此外，用于制作安全带的材料还应具有质量轻、耐磨、耐腐蚀、吸水率低和耐高温、抗老化等特点。电工围杆带可用黄牛皮带制成，安全带的金属配件用普通碳素钢、合金铝等具有一定强度的材料制成，包裹绳子的绳套要用皮革、人造革、维纶或橡胶等耐磨及抗老化的材料制成。电焊时使用的绳套应具有阻燃特征。

93. 防坠落安全带由哪些部分组成？

（1）安全绳。安全带上防止人体坠落的系绳。

（2）吊绳。装有自锁钩的绳，将其预先垂直、水平或倾斜挂好，自锁钩可在其上自由移动，长度可调。

（3）围杆带、围杆绳。电工、电信和园林等工程围在杆上作业时使用的带子或绳子。

（4）护腰带。缝有柔软型材料，附在腰上，保护作业人员腰部的带子。

（5）金属配件。由普通碳素钢、铝合金钢等材料制成，在安全带上起连接和悬挂作用。

（6）自锁钩。带有自锁装置的钩。工作原理：自锁钩在冲击力的作用下产生惯性，卡齿卡住吊绳，阻止人体继续坠落。

（7）缓冲器。缓解冲击的装置，原理是当发生坠落时，内部结构发生改变，通过摩擦、局部变形和破坏来吸收一部分能量，从而减小人体受到的冲击力。防坠落安全带与缓冲器配合使用时，一般可使冲击力下降 40%~60%。

（8）防坠器。防坠器也叫速差式自控器。防坠器的工作原理：利用速差进行控制，当绳索的拉出速度小于 1 米 / 秒时，在自控器内弹簧的作用下，绳索可自由伸缩；当拉出速度大于 1 米 / 秒时，即发生坠落时，绳子带动原盘快速转动，负责制动功能的棘爪由于惯性作用立即卡住转动盘上的凸角，使圆盘不能再转动，绳索不能继续拉出，从而起到防止坠落的作用。

相关链接

防坠落安全带作为作业人员预防坠落伤害的劳动防护用品，其作用是当坠落事故发生时，使作用在人体上的冲击力小于人体的承受极限。通过合理设计安全带的结构、选择适当的材料、采用合适的配件，实现安全带在冲击过程中吸收冲击能量，减少作用在人体上的冲击力，从而达到预防和减轻冲击事故对人体产生伤害的目的。

94. 高处作业如何正确使用安全绳？

为保证高处作业人员在移动过程中始终有安全保障，当进行特别危险的作业时，要求在系好安全带的同时，系挂安全绳。手扶水平安全绳设置在高处作业的特殊部位，如悬空的钢梁、框架连系梁等。在吊装就位后，施工人员要在上面行走，安全绳可作为保持人体重心平衡的防坠落的扶绳。手扶水平安全绳的设置及使用要求有以下几个方面：

（1）手扶水平安全绳宜采用带有塑胶套的纤维芯钢丝绳，其技术性能应符合《重要用途钢丝绳》（GB 8918—2006）的要求，并有产品生产许可证和产品出厂合格证。

（2）钢丝绳两端应固定在牢固可靠的构架上，在构架上缠绕不得少于 2 圈，与构架棱角处相接触时应加衬垫。

（3）钢丝绳端部固定连接应使用绳卡（也叫作钢丝绳夹头），绳卡压板应在钢丝绳长头的一端，绳卡数量应不少于 3 个，绳卡

手扶水平安全绳设置在高处作业的特殊部位，如悬空的钢梁、框架连系梁等。

间距应不小于钢丝绳直径的 6 倍；安全夹头安装在距最后一只绳卡约 500 毫米处，应将绳头放出一段安全弯后再与主绳夹紧。

（4）钢丝绳固定高度应为 11~14 米，每间隔 2 米应设一个固定支撑点，钢丝绳固定后弧垂应为 10~30 毫米。

（5）手扶水平安全绳仅作为高处作业特殊情况下作业人员行走时的扶绳，严禁作安全带悬挂点使用。应经常检查固定端或固定点是否有松动现象，钢丝绳是否有损伤和腐蚀、断股现象。

（6）禁止使用麻绳作为安全绳。

（7）使用 3 米以上的长绳要加缓冲器。

（8）一条安全绳不能两人同时使用。

相关链接

（1）每条安全绳都应该有使用记录，在每次使用后做简明扼要的记录。

（2）使用绳子时，不要接触地面，绝对禁止踩绳子。最好放在一种可以完全摊平的绳袋上，以减少砂石进入绳子里慢慢割断绳皮或绳芯纤维的机会。

（3）尽量避免将绳子拉过粗糙或尖锐的地形。

（4）不要将两条绳子挂进同一个钩环，因为摩擦对绳子伤害很大。

（5）每次使用后要用手检查绳子，感受绳子上有没有异常处。

（6）绳子应定期清洗，清洗后置于阴凉通风处自然干燥，不能暴晒。

95. 如何正确安装安全网？

（1）安装前要对安全网和支撑物进行检查，确认无误后才能安装。要检查网的标记与自己所选用的网是否相符合，检查网体是否存在影响使用的缺陷，检查支撑物是否有足够的强度、刚性和稳定性，并且系结安全网的地方应无尖锐的边缘。

（2）安全网上的每根系绳都应与支架系结，四周边绳（边缘）应与支架贴紧，系结应遵循打结方便、连接牢固又易于解开、工作中受力不会解脱的原则。安装有筋绳的安全网时还应把筋绳连接在支架上。

（3）安装密目网时，网上的每个环扣都必须穿入符合规定的纤维绳，允许使用强力或其他性能不低于标准规定的其他绳索（如钢丝绳或金属线）代替，系绳绑在支撑物上（或架子上）时应遵循打结方便、连接牢固、易于拆卸的原则。

（4）平网网面不宜绷得过紧。当网面与作业高度差大于 5 米时，其伸出长度应大于 4 米；当网面与作业高度差小于 5 米时，其伸出长度应大于 3 米；平网与下方物体表面的最小距离应不小于 3 米；两层平网间距不得超过 6 米。

（5）立网网面应与水平面垂直，并与作业面边缘的最大间隙不超过 10 厘米。

 相关链接

　　安装安全网结束后，应该由专人检验，确认符合要求后，才能使用。

96. 安全网在使用时有哪些注意事项？

安全网在使用时应避免以下现象的发生：

（1）随意拆除安全网的部件。

（2）人员跳入或将物体投入安全网内。

（3）在安全网内或下方堆积物品。

（4）安全网周围有严重的腐蚀性烟雾存在。

（5）大量焊接或其他火星落入安全网内。

对于使用中的安全网，应进行定期检查，并及时清理网上的落物。当发生下列情况之一时，应及时进行修理或更换：安全网受到较大的冲击之后；安全网发生霉变或其他腐蚀；系绳脱落；安全网发生严重的变形或磨损；网的搭接处脱开。

 相关链接

选用安全网应当注意以下几个方面的事项：

（1）必须严格依据使用的目的来选择安全网的类型，立网不能代替平网来使用。

（2）所选用的新网必须有近期的产品检验合格报告，旧网必须是经过检验合格的，并有允许使用的证明书。

（3）当用以防止人和物体坠落伤害为主要目的时，应选用合格的平网、立网或密目式安全立网。

（4）受过冲击、做过试验的安全网不允许再使用。